嚴選「本格燒酎」手帖

shochu gourmet handbook

編・出倉弘子

瑞昇文化

嚴選「本格燒酎」手帖

泡盛

其他燒酎

燒酎專欄

嚴選「本格燒酎」手帖　本書的特色與使用方法

〇一定要喝！本格燒酎既便宜又好喝，而「※代表酒款」更是不能錯過！
〇黑麴、白麴、黃麴，了解後會大吃一驚！用不同麴菌所釀造出的燒酎，其味道讓人著迷不已！
〇附「用語解說」：依照製造順序介紹本格燒酎在釀造時所用的術語！
〇燒酎的美味飲法：教你加熱水、事先加水以及其他各種基本飲法！
〇前往芋燒酎的聖地——鹿兒島縣採訪！
〇附風味指數表，讓你立刻就能知道燒酎的味道！
〇酒廠資訊簡潔明瞭，讓你喝酒聚會時能充滿話題！
〇讓你學到各種有趣的燒酎雜學ABC！

※代表酒款：酒廠長期販賣，且製法與全國知名的夢幻酒款幾乎相同，當地人雖然每天喝、但只有內行人才知道的酒款。

該以甘薯或麥，還是該以麴來做選擇？
不只是主原料，包括麴菌的種類與顏色，甚至從蒸餾的方式到儲藏的方法
都有詳盡的介紹，幫助我們從種類繁多的本格燒酎中選出適合自己的酒款！

在本格燒酎的索引方面，以芋（黑麴／白麴／黃麴／原酒・酒頭・無過濾）、麥、米、黑糖、泡盛（新酒、古酒）、其他原料來做為分類。

用語解說，讓我們對本格燒酎有更多的了解。

以酒標（主要是720ml）來介紹酒廠的主要酒款和推薦酒款（或代表酒款）。

酒款的讀法、酒廠名、HP等。

從酒廠的歷史、風土環境、製法到推薦的飲法和適合搭配的料理等，一一詳盡介紹！

用5種等級來表示燒酎的「味道」與「香氣」。

加冰塊、加水等介紹酒廠所推薦的好喝方法。

飲法圖示

直接飲用　加冰塊　加水　加熱水　事先加水　加蘇打水

詳細介紹酒款的基本資料
酒精濃度、主原料、麴菌、蒸餾方式、儲藏方式、儲藏期間

詳細介紹酒廠的基本資料
創立年、酒藏主人、杜氏、從業員數、地址、電話、傳真號碼

提出將芋燒酎熟成的新想法

天狗櫻2010製［てんぐざくら2010せい］
鹿兒島縣市來串木野市 白石酒造

由年紀才37歲的年輕酒藏主人所釀造出來的酒而受到大家矚目的白石酒造，他們並不在乎世俗或是流行，獨自在孤高的道路上努力追求心目中理想的燒酎。在麴室中使用傳統麴蓋培育麴菌；製酒時，不論是第一次還是第二次發酵，全都是使用古早的三石甕來進行釀造。這酒款完全拋棄過去芋燒酎幾乎不進行熟成的概念，而是致力將它釀造成能充分發揮蒸餾酒最大魅力的熟成酒。「就像從土裡冒出來的果實，然後探索熟成方法與儲藏方式」酒藏主人如此論述。喝的時候，除了能感覺到麴菌帶來的香甜與類似甘薯風乾後所散發出的乾果香，還有用來儲藏的酒甕所帶來的風味，味道複雜多變並在嘴裡散開。喝法不同，風味也會跟著改變，可說是一款相當迷人的燒酎。

味道　◀淡麗　濃郁▶
香氣　◀內斂　華麗▶

推薦飲法

度數	25度		
主原料	黃金千貫／鹿兒島縣市來串木野產等		
麴菌	米麴（白）	蒸餾方式	常壓
儲藏方式	酒甕、酒槽	儲藏期間	5年

¥ 720ml：1,574日圓、1.8L：3,000日圓
酒廠直販／無　酒廠參觀／需預約

代表酒款　**從創業之初一直流傳至今的經典代表酒款**
天狗櫻［てんぐざくら］

製法基本上和「天狗櫻2010製」相同，不過這一款沒有經過熟成因而充滿新鮮風味。由於味道帶著甘薯厚實的甘甜，加熱水飲用會更好喝。

推薦飲法

¥ 720ml：1,223日圓、1.8L：2,186日圓

度數	25度	主原料	黃金千貫／鹿兒島縣市來串木野市、種子島、長島產				
麴菌	米麴（白）	蒸餾方式	常壓	儲藏方式	酒槽儲藏	儲藏期間	4～18個月

● 創立年：1894年（明治27年）● 酒藏主人：第5代　白石貴史 ● 杜氏：白石貴史 ● 從業員數：7人
● 地址：鹿兒島県市いちき串木野市湊町1-342 ● TEL：0996-36-2058　FAX：0996-36-2194

42

【連續蒸餾】將發酵後的酒患複連續蒸餾，能去除雜質並取出純淨的酒精，讓酒的味道更加舒服沉穩。

※這裡所介紹的燒酎全部是未稅價

本格燒酎自2000年初左右開始流行之後，至今已經過了十幾年。不過，這樣的熱潮非但沒有退燒，反而更讓人深深地感覺到：燒酎原本只是九州的一種地方酒，但現在卻已經是隨處可見的佐餐酒，並完全融入在我們一般的日常飲食生活當中。此外，各家酒廠在經過世代交替之後，在許多想法上也開始產生了變化；他們一方面仍然遵循傳統，但同時亦開始嘗試用其他嶄新的方法來製酒，而不再只是拘泥於過去的那種釀造方式。他們了解到神秘的燒酎充滿著無限的可能，為

流行了十幾年之後，「**本格燒酎**」的新風潮

了創新與挑戰，不但學習葡萄酒和日本酒的知識，甚至還開墾土地並自己栽種原料。此外，隨著原料、麴、蒸餾以及製造環境越來越講究，因此製酒在整體的品質上也提升了許多，進而加速了燒酎的進化。另一方面，酒類專賣店以及餐廳也不斷地在進步。現在有越來越多的店家不只扮演販售和供應的角色，他們還會和酒廠保持緊密的連繫，彼此互相交換意見以提供給消費者好喝又高品質的燒酎。總之，真正的「本格燒酎」新風潮現在才正準備開始。

背景照是第一次酒醪（國分釀造）

非知道不可！

「本格燒酎」的基礎知識

什麼是「本格燒酎」？

本格燒酎是一種由日本當地的風土環境所孕育出的蒸餾酒，它指的是將水與含有澱粉質的原料（穀類、薯類）、或是含有糖份的原料（黑糖、椰棗）混合發酵，接著再用單式蒸餾器所蒸餾出來的單式蒸餾燒酎（通常稱為乙類燒酎）。其中，在沖繩縣用黑麴所製造出來的燒酎則稱為「泡盛」。相較於日本酒只用米釀造，燒酎會用甘薯、米、麥、黑糖、蕎麥等各種豐富的原料來進行釀造。

此外，喝法多變也是它的特色之一：在喝的時候可以依照所搭配的料理或身體狀況來選擇是要加冰塊還是加水、熱水或蘇打水。另一方面，威士忌、白蘭地、伏特加和琴酒等蒸餾酒的酒精濃度大多都在40度以上，不過本格燒酎的酒精濃度卻比較低，大約在20到30度左右，因此如果加水或熱水，酒精濃度便相當接近於日本酒或葡萄酒，所以也很適合在用餐時享用。

「甲類燒酎」和「乙類燒酎」

燒酎首先可分為甲類燒酎和乙類燒酎這兩種，用連續蒸餾器蒸餾出來的稱為「甲類燒酎」，其酒精濃度不超過36度；而用單式蒸餾器蒸餾出來的則稱為「乙類燒酎」，其酒精濃度不超過45度。其中，完全不加砂糖等任何添加物的乙類燒酎則又稱為「本格燒酎」。甲類燒酎由於經過反覆多次的蒸餾，因此可萃取出純度更高的酒精，利用這樣的方式蒸餾出來的酒質無色無味且更加純淨，因此經常被用來當做酎嗨（CHU-HI）、沙瓦以及調酒的基酒。另一方面，乙類燒酎因為只有經過一次蒸餾，因而能將來自不同原料的獨特味道和香氣給保留住。

（注）實際上，由於日本酒稅法的修正，燒酎中的甲類燒酎自平成18（2006）年5月1日起正式改名為「連續式蒸餾燒酎」，乙類燒酎則改稱為「單式蒸餾燒酎」。不過，就喝的人來說，他們則習慣稱之為「甲類燒酎」和「本格燒酎」。

「常壓蒸餾」和「減壓蒸餾」

單式蒸餾又可分為常壓蒸餾和減壓蒸餾這兩種；所謂的蒸餾，指的是將酒醪加熱、煮沸之後，接著再將產生的汽化酒精加以冷卻、液化的一種過程。其中，常壓蒸餾是一種在平常的壓力下，以90度左右的溫度讓酒精沸騰、汽化的蒸餾方式；利用這種方法所製造出來的燒酎，不但香氣較多且會帶著原料本來的豐富味道。另一方面，與之相對的則是所謂的減壓蒸餾；這種蒸餾方式是將蒸餾器內的壓力降低，然後以40～50度的溫度讓酒精沸騰、汽化，由於沸點低，因此能製造出不含雜味、純淨而且味道清爽的本格燒酎。也就是說，即使酒醪相同，但是如果蒸餾時的壓力不同，所萃取出的成分也會跟著改變。日本使用常壓蒸餾大約有500年的歷史，至於減壓蒸餾則大約是在1970年代前半才開始出現，透過這種新的蒸餾法，一掃過去燒酎給人味道不好的印象，進而快速掀起燒酎的熱潮。

背景照是第二次酒醪（國分釀造）

本格燒酎在日本全國各地都有製造，而原料的種類也相當多樣豐富。本格燒酎是一種用當地的作物所蒸餾出來的地方酒，味道可說相當樸實。例如以甘薯為原料，並在十幾年前引發熱潮的芋燒酎，它的主要產地是鹿兒島和宮崎縣。除此之外，其他還有以麥、米、黑糖等各種原料所製造出來的燒酎。另外，也有使用蕎麥、馬鈴薯、玉米、胡蘿蔔、海藻、或是大多由清酒廠所生產的酒粕燒酎等，而這些利用各地的名產為原料所製造出來

風味千變萬化
種類豐富的「原料」

的燒酎雖然稀有，但同樣也都受到不少青睞。不過，可別以為任何東西都能拿來當做燒酎的原料，目前真正可以用來製造燒酎的，其實只有日本國稅廳所規定的53種原料而已（參照P.170）。

在開墾後的田地裡所採收的甘薯完全不用化學肥料和農藥，今年的芋燒酎不知道味道如何，真讓人期待。（白石酒造）

［甘薯］
最常用來製造燒酎的品種是「黃金千貫」。（國分酒造）

[芝麻]

芝麻所含的芝麻準木質素（sesame lignan）擁有超強的抗氧化力。

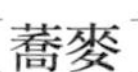

[蕎麥]

蕎麥的主要成分是澱粉，不過也有相當豐富的蛋白質和維他命B群。

[麥]

麥含有許多從蔬菜和豆類不易取得的水溶性纖維。

[馬鈴薯]

擁有豐富的營養成分而被稱為大地的蘋果，能有效地預防高血壓。

[玉米]

主要的成分是碳水化合物，另外也有維他命群、礦物質和食物纖維。

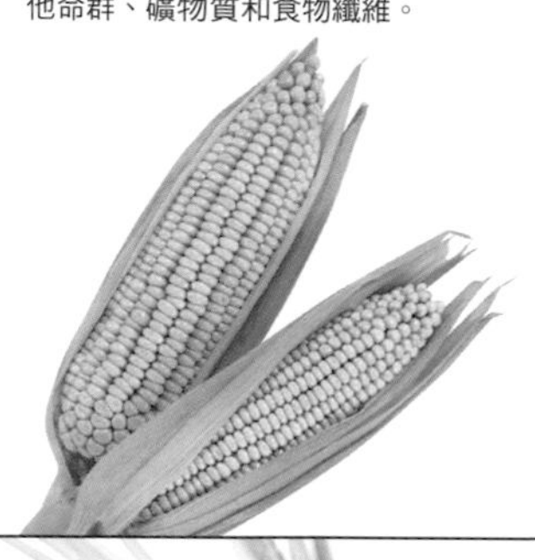

[米]

米是稻科稻屬，它和小麥、玉米並列為世界3大穀類之一。

[海藻]

含有豐富的鈣、鉀等礦物質與食物纖維。

[胡蘿蔔]

胡蘿蔔的主要營養素是胡蘿蔔素，其抗氧化作用亦有養顏美容的效果。

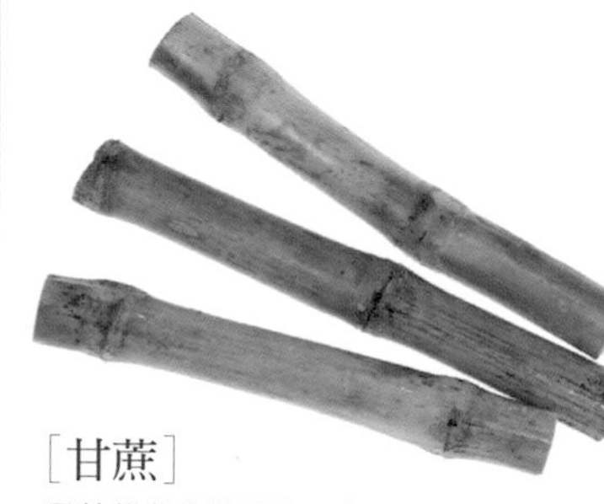

[甘蔗]

用甘蔗做成的黑糖，擁有豐富的礦物質和維他命。

[栗子]

栗子有維他命B1以及豐富的鉀，能有效地預防高血壓。

[紫蘇]

紫蘇具有增進食慾和促進消化吸收的效果，是個能提高免疫力的食物。

[菱角]

因被認為具有滋補的療效，自古便用來當作中藥材。

本格燒酎源自於九州和沖繩，這與該地區的歷史、氣候還有風土等因素有關。由於這些地方相當靠近朝鮮半島，因此很早就引進了製麴技術。此外，再加上該地區的氣候溫暖不適合製造日本酒，因而讓當地的居民習慣用當地的農作物來製造燒酎。福岡縣、大分縣、長崎縣、佐賀縣雖然有很多的清酒廠，不過福岡縣的米、麥以及蕎麥燒酎也非常有名；長崎縣則是很早就以麥燒酎而聞名；佐賀縣的麥燒酎結合了福岡縣和長崎縣的優點而成為該地的主流；大分縣則是以1970年代開始販售的麥燒酎「二階堂」（二階堂酒造）和「IICHIKO（いいちこ）」（三和酒類）最有名；宮崎縣雖然現在為人知曉的是芋燒酎和麥燒酎，不過該地其實原本是蕎麥燒酎的產地。此外，熊本縣的主流是米燒酎；鹿兒島縣則是生產芋燒酎；鹿兒島縣的奄美群島生產黑糖燒酎，而沖繩則是生產泡盛。

各縣的主要燒酎都不相同
「**以原料做區分的燒酎**」分布

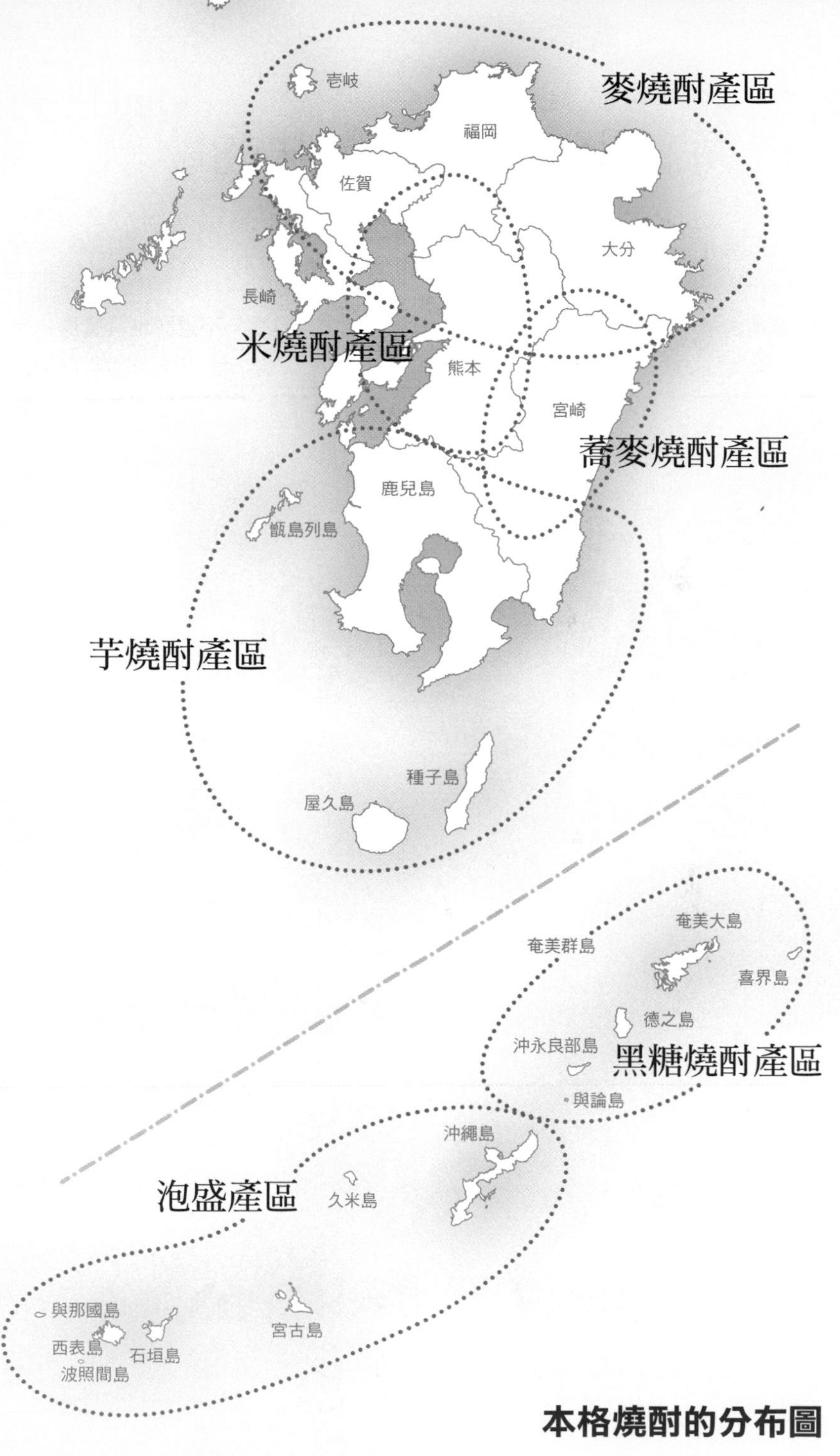
壱岐
麥燒酎產區
福岡
佐賀
大分
長崎
米燒酎產區
熊本
宮崎
蕎麥燒酎產區
鹿兒島
甑島列島
芋燒酎產區
種子島
屋久島
奄美大島
奄美群島
喜界島
德之島
沖永良部島
黑糖燒酎產區
與論島
沖繩島
泡盛產區
久米島
與那國島
宮古島
西表島
石垣島
波照間島

本格燒酎的分布圖

黑麴、白麴、黃麴

「**麴菌**」是決定燒酎風味的關鍵

麴菌是一種黴菌，它主要的作用是在於能夠將米或麥裡頭的澱粉質分解成葡萄糖，接著如果再利用酵母將葡萄糖轉變成酒精，便成為了所謂的酒精發酵。燒酎會因為麴菌的種類不同，而讓味道呈現出完全不同的風格。

知道黑麴、白麴、黃麴的特色之後，可以試飲並比較看看以找出適合自己的酒款。

黑麴

厚重的甘甜，後味舒暢充滿特色

用來製造燒酎的黑麴源自於泡盛所使用的黑麴菌，黑麴由於生長旺盛，因此很容易培育。此外，因為黑麴能夠產生相當多的檸檬酸，所以能抑制酵母以外會讓酒醪變酸的雜菌繁殖。用黑麴做出來的燒酎，味道香醇濃郁。

白麴

溫和的香氣，輕盈順口相當美味

製造燒酎的主流麴菌是黑麴，而白麴菌則是它的突變種，白麴由於生長穩定，因此很容易培育。白麴能製造出較多的燒酎，而且不容易讓雜菌在酒醪發酵時混入繁殖。用白麴做出來的燒酎，其特色在於味道輕盈且香氣柔順。

黃麴

富含果香，味道彷彿是日本酒

黃麴主要是用來製造日本酒的麴菌，由於無法產生檸檬酸，因此缺點是在九州等溫暖地區會容易讓酒醪繁衍雜菌進而導致腐敗。不過，如果酒廠能夠特別注意溫度和衛生方面的管理，那麼用黃麴做出來的燒酎會有一種淡雅又清爽舒服的味道。

河內源一郎商店的黑麴NK（New Kuro）。在其他的黑麴當中，黑麴G（Gold）最近也受到相當多的矚目。它的味道與香氣比NK還要濃郁，具有黑麴之王的風範。

攝影／松隈直樹

將米蒸熟並冷卻後撒上麴菌，然後確實地混和搓揉，日文稱為「切返作業」（白石酒造）。

燒酎麴之父・河內源一郎 孕育日本燒酎文化的「河內菌」

專門用來製造燒酎的麴菌，其歷史還不到100年

河內源一郎畢業於現在的大阪大學發酵系之後，接著便進入大藏省服務。他在鹿兒島稅務署負責指導燒酎、味噌、醬油的製造。當時，用來製造燒酎的是清酒用的黃麴，不過由於鹿兒島的氣溫高，因此必須費盡心力來防止酒的腐敗變質。為了克服此一問題，河內源一郎仔細研究了氣溫比鹿兒島還高的沖繩所生產的泡盛，最後終於順利地在明治43（1910）年成功地將黑麴菌從泡盛中分離出來並做為製造燒酎的種麴菌，而這就是現在大家所說的河內菌。之後到了大正13（1924）年，源一郎又在黑麴菌中發現了突變的白麴菌，而這個白麴菌後來大大地改變了日本的燒酎製造。在燒酎製造的過程中，黑麴菌容易將酒廠和釀酒師傅搞得髒兮兮的，而白麴菌則不會有這個問題。此外，用白麴所釀出來的燒酎有著輕盈的甜味，味道不但清爽且後味也很出色。接著又過了十幾年之後，源一郎更進一步改善了黑麴菌原本的缺點，然後在1980年代前半開發出在處理上更加容易的黑麴菌並取名為「NK（New Kuro）」。目前市面上的黑麴燒酎幾乎都是用河內菌所製造出來的，也就是說如果沒有河內源一郎，那麼本格燒酎或許根本不會像現在這樣有著如此豐富的種類。

燒酎麴之父・河內源一郎（明治16年～昭和23年）

照片來源／錦灘酒造（株）

以芋燒酎為例

「**本格燒酎**」的製造過程

關於本格燒酎的製造過程，基本上是先製麴，然後加入麴菌、酵母和水以進行第一次釀造，接著再加進芋、麥或米等原料以進行第二次釀造並讓酒繼續發酵。酒醪完成出來之後，接著會用單式蒸餾器蒸餾出原酒，然後再經過儲藏、熟成、加水稀釋，最後裝瓶上市。

製麴

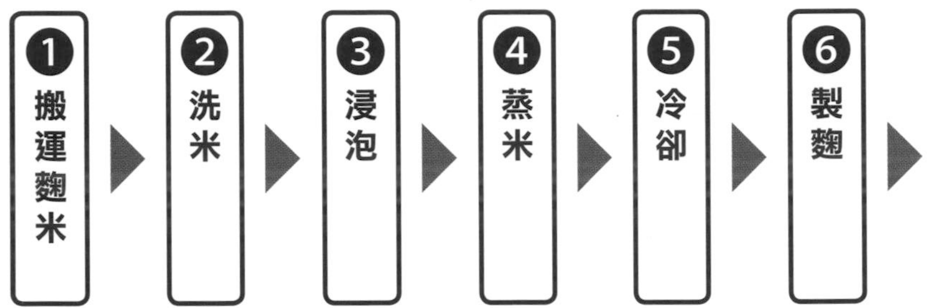

由於麴菌是決定燒酎酒質好壞的關鍵，因此在整個製酒過程當中，製麴是最重要的一環。製麴的目的是為了讓麴菌產生糖化酵素和檸檬酸；黑麴和白麴都能產生大量的檸檬酸，進而保護酒膠不受雜菌的侵襲。

4 蒸米

使用木製蒸籠來蒸米能夠讓麴菌在米上繁殖得更快，而為了讓蒸好的米更適合用來製造燒酎，因此會讓它比平常吃的米飯還要再硬一些，通常會蒸成外硬內軟的狀態（白石酒造）。

6 製麴

在麴室裡將蒸好的米撒上黑麴、白麴、黃麴等麴種，然後進行所謂的「切返作業」好讓麴菌的菌絲能夠均勻地附著在蒸好的米粒上，使之順利發育繁殖（白石酒造）。

（上）將米裝入麴蓋放進能調控溫度、濕度的麴室，接著花上40～42小時讓它長出麴菌。（下）第2天的米麴。麴菌不斷繁殖，菌絲確實地伸入蒸熟的米裡（日文稱為破精）（白石酒造）。

❼ 第一次釀造

將麴、水以及酵母丟進甕或酒槽裡然後釀造出第一次酒醪。麴菌會產生檸檬酸以抑制雜菌的繁殖，同時還會將米中的澱粉分解成糖，接著酵母菌再以此糖分做為養分增生繁殖，而酒精便是在這過程當中被產生出來的。由於酵母菌怕熱，因此要經常用棒子攪拌，此舉不但能夠促進發酵，同時還能穩定酒醪裡的溫度（知覺釀造）。

7 第一次釀造

丟進麴、水以及酵母，然後發酵6～8天

第一次酒醪：第一次釀造的目的是為了大量地培育出健康優質的酵母（國分酒造）。

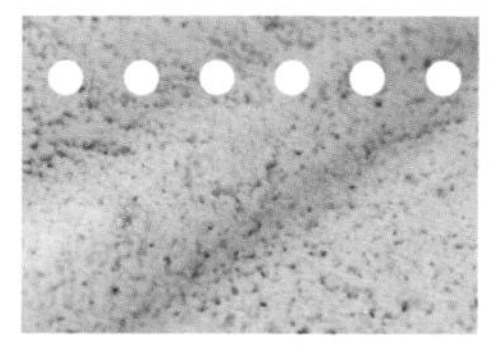

8 第二次釀造

泡盛在釀造時則是採「全麴發酵」，也就是將做為原料的泰國米直接用來培育米麴，接著再將米麴、水以及酵母發酵成酒醪，然後進行蒸餾。

加入原料（甘薯） 將搗碎後的甘薯倒進第一次酒醪裡

1 搬運甘薯

2 洗淨

3 篩選

4 蒸薯

5 搗碎

❸ 篩選（切薯）

甘薯洗乾淨後，用刀子將兩端以及受損的部分切除。此外，遭蟲咬或是有黑斑病的部分會讓燒酎產生雜味，因此也必須切掉並仔細篩選，此作業是以人工方式進行（國分酒造）。

❹ 蒸薯

前置作業處理好之後，接著會用炊具將甘薯蒸熟。當甘薯的香甜氣味充滿整個酒廠並從裡頭冒出蒸氣時，就表示今年釀造芋燒酎的季節又到了（白金酒造）。

❺ 搗碎

蒸熟的甘薯用送風機冷卻之後，接著會用搗碎機連皮整個搗碎，然後再和水一起倒進裝有第一次酒醪的酒甕或酒槽裡，第二次釀造的前置作業到此算告一段落（國分酒造）。

❽第二次釀造

（左）在進行第二次釀造時，由於酒甕底部和上面的溫度會不同，因此需要用攪拌棒來調和溫度。溫度的管理能左右燒酎釀造的結果，可說是一項非常重要的作業。（右）逐漸完成的第二次酒醪會變成黃色的濃稠液體，味道夾雜著酸味和甜味，並散發出果實熟透般的香氣（白金酒造）。

❽ 第二次釀造

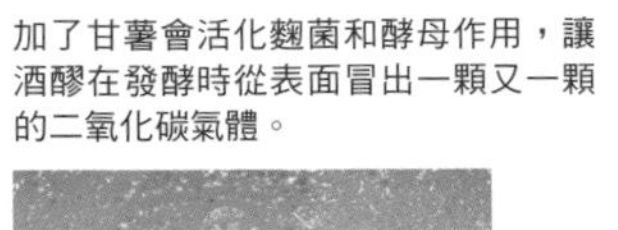

加了甘薯會活化麴菌和酵母作用，讓酒醪在發酵時從表面冒出一顆又一顆的二氧化碳氣體。

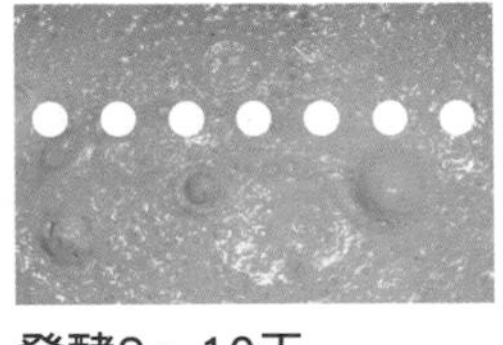

發酵8～10天

▶ ❾ 蒸餾 ▶ ❿ 過濾・精練 ▶ ⓫ 儲藏・熟成

燒酎經過儲藏和熟成，接著過濾掉油性成分並加水稀釋，最後才裝瓶、然後出貨上市。

❾ 蒸餾

蒸餾指的是用單式蒸餾器將第二次酒醪加熱至沸騰，接著把含有酒精的蒸氣冷卻並萃取出液體（知覽釀造）。

❿ 過濾、精練

剛蒸餾出來的燒酎會有一股刺鼻的味道，同時表面也會浮著一層叫做雜醇油的油脂，因此需要去除雜質、過濾以穩定味道以及當中的成分。

⓫ 儲藏、熟成

用酒槽儲藏。燒酎經過長期熟成後味道會變得更好，同時還會散發出圓潤成熟的香氣（知覽釀造）。

其他酒廠的製麴、蒸餾以及儲藏情形

製麴（國分酒造）

自動製麴機。所謂自動製麴機，指的是能夠將原料米從處理（洗米、浸泡、瀝乾、蒸煮、冷卻）到製麴、出麴完全採自動化的一種裝置。

製麴（知覽釀造）

「三角棚」是一種頂蓋呈三角形的自動製麴裝置，通常會裝在需要以「人工作業方式進行」的麴室裡。

蒸餾（國分酒造）

國分酒造的釀酒師安田宣久。為了製造出讓人滿意的燒酎，他不斷地改良單式蒸餾器，對待這台機器就像對待自己的小孩一樣。

儲藏甕（國分酒造）

透過酒甕的呼吸作用以及紅外線的效果，能讓燒酎的味道更加圓潤舒服。

蒸餾的過程非常簡單

燒酎的蒸餾過程非常簡單，首先，先用單式蒸餾器讓第二次酒醪沸騰，接著將收集好的蒸氣酒精用冷卻裝置急速冷卻，便能取得高酒精濃度的酒液。最先蒸餾出來的液體是酒精濃度達60～70度的「酒頭」（日文稱為「初垂（HANATARE）」），接著是酒精濃度慢慢下降的「酒心」（日文稱為「本垂（HONDARE）」，最後則是濃度約10度左右的「酒尾」（日文稱為「末垂（SUEDARE）」），這些酒液全部混在一起後便成為了酒精濃度約35～40度的原酒。另外，由於加熱的程度會影響酒質，因此加熱時需要格外注意溫度。

琺瑯與不銹鋼材質的蒸餾器。用來連接蒸餾器和冷卻機的「導氣管」則是錫製材質（白石酒造）。

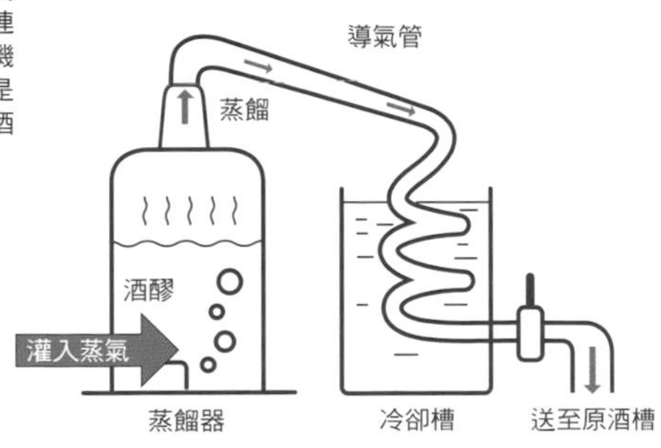

燒酎的製造是從何時開始的？
「**本格燒酎**」的歷史

日本究竟是從什麼時候開始製造本格燒酎的？雖然確切的時間並不清楚，但是依照目前的研究顯示，應該是在500年前左右開始的。關於燒酎的製造技術傳入日本的途徑，如19頁所述，存在著各種的說法，例如在1477年的《李朝實錄》（李氏朝鮮的官方資料）中，有朝鮮的濟州島居民漂至琉球，然後在那霸看見南蠻酒的相關敘述；而在1534年由中國明朝派遣至琉球王的使者所寫的《使琉球錄》中，則曾記載著「琉球國有一種稱為南蠻酒的酒，其製法來自暹羅（泰國），和中國露酒（蒸餾酒）的製造方法相同」。此外，在1564年渡海至薩摩的葡萄牙商人寫給聖方濟各・沙勿略的信中，也曾提到「日本有一種用米做成的orraqua」。由於orraqua指的是蒸餾酒，因此可得知當時在薩摩已經有米燒酎。

此上樑記牌被認為是日本關於燒酎最古老的記載

永禄二歳八月十一日
作次郎
鶴田助太郎
其時座主ハ大キナこすでをち
やりて一度も焼酎ヲ不被下候
何共めいわくな事哉

鹿兒島縣伊佐市的郡山八幡神社
（重要文化財）

照片提供／
伊佐市公所伊佐PR課

日本關於燒酎最古老的記載

位於鹿兒島縣伊佐市的郡山八幡神社（重要文化財），在昭和29（1954）年準備要將本殿解體整修時，發現到一塊上樑記牌，且在上面還留有「燒酎」等字眼的塗鴉。當時這些字是在永祿2（1559）年所寫下來的，也就是距離現在已經超過450年。留下這些塗鴉的人的名字分別是作次郎和鶴田助太郎，他們應該是當時修葺神社的工人，塗鴉的內容則是抱怨神社的神職人員太小氣，從來沒給他們喝過燒酎。這個塗鴉如此的生活化，卻是日本關於「燒酎」最古老的記載。

從大陸傳至日本的東方烈酒

據說在13～14世紀左右，中國大陸和南海諸國就已經有在製造燒酎，而燒酎傳到日本的路徑雖然眾說紛紜，但是以下這3種被認為是最有力的說法。

①沖繩路徑說

琉球（現在的沖繩縣）從14世紀後半到15世紀左右從暹羅（現在的泰國）進口了南蠻酒（蒸餾酒），據說該酒即是泡盛的起源。接著，泡盛的製造技術又傳到薩摩（鹿兒島）和奄美半島，因而開啟了日本的燒酎製造。

②南海諸國路徑說

在14～15世紀時，當時被稱為倭寇的日本武裝商船群（海盜）出現在朝鮮半島和中國沿岸，其活動範圍甚至還擴展到東南亞等地。據說「南蠻酒」便是在那時被當作海上交易品之一而輾轉傳入日本的。

③朝鮮半島路徑說

15世紀時，日本與琉球、南洋諸國以及朝鮮，甚至是西洋各國之間的貿易往來非常活絡。當時在這些交易品之中亦包含了來自各國的酒類，特別是朝鮮所產的「高麗酒」也是經由位於朝鮮與日本之間的壱岐、對馬等地而傳入了日本。

看懂酒標讓你不再感到困擾
「酒標」原來如此有趣！

為了能夠找出符合自己喜好口味的本格燒酎，
首先可以先瞧一瞧貼在燒酎瓶上的酒標。
從這一枚小小的標籤，我們可以得知許多隱身於燒酎背後的人物、製造過程、風土環境、文化歷史等相關資訊。不過，也有一些酒廠為了不想讓喝的人有先入為主的觀念，因此故意選擇不在酒標上提示太多訊息。總之，酒標能讓我們對這瓶燒酎充滿想像並使人想一嚐究竟，真可說是魅力無窮。

正面

酒名

手工釀造

指的是在自然換氣的保溫室裡，使用麴蓋並透過自然換氣、通風與攪拌的方式來培養麴菌，接著再用這些麴菌來製造本格燒酎。

酒甕釀造

第一次釀造和第二次釀造都是用酒甕來進行的一種製法，由於傳統的日本酒甕不足，因此現在新的酒甕大多都來自中國。

製造廠商與地址

如果是個人製造，則會顯示該製造者的姓名。

背面

用單式蒸餾器蒸餾且酒精濃度不超過45度，
即可稱為「本格燒酎」或「燒酎乙類」。

「酒的種類」本格燒酎

酒名 ········ 山小舎の蔵 萬膳 手造り甕仕込み

原料（若不只一種，會從使用最多的開始排列）
主原料／麴原料／麴菌種類 ········ 原材料：さつまいも、米麹（黒麹）
酒精濃度、容量 ········ アルコール分：25度 内容量：720ml
麴米的產地與品牌、生產者 ········ 麹米‥秋田産 あきたこまち（生産者 工藤 司氏）
主要原料的產地與品牌名稱、生產者 ········ いも‥鹿児島産 黄金千貫（生産者 津留安郎氏）
麴菌的種類與品牌名稱、釀造用的水源 ········ 麹菌‥河内麹菌 NK黒麹 仕込水‥霧島レッカ水超軟水
製造廠商與地址 ········ 有限会社万膳酒造 鹿児島県霧島市霧島永水4535

本格焼酎

※背面酒標除了以上的資訊之外，有時還會標示釀酒最高負責人的姓名（杜氏名）。

正面酒標經常出現的標示

- 常壓蒸餾・減壓蒸餾（參照p.7）
- 冠名標示 ··········· 在燒酎名前冠上原料名稱即為「冠名標示」，通常是為了強調所使用的是日本公平交易法中所規定的特定原料，而將使用最多的原料做冠名標示。
- 產區地理標示 ········ 「薩摩」、「壱岐」、「球磨」、「琉球」這4個產地名是目前WTO（世界貿易組織）所認可的產區地理標示。
- 當地、○○特產、○○名產 ··········· 表示蒸餾和裝瓶是在該地所完成的。
- 木桶蒸餾 ··········· 目前在日本會做木桶蒸餾器的只剩津留安郎先生1人。
- 長期儲藏、古酒 ····· 指的是整瓶酒100%經過3年以上的熟成。
- 原酒 ··········· 原酒的平均酒精濃度約為35～38度。
- 無過濾 ··········· 指的是在裝瓶出貨之前沒有使用過濾機過濾。
- 製造年月日 ··········· 即裝瓶日。

標章

- E-MARK ··········· 適用於全日本都道府縣的一種認證標章，通常會標示在地方上用傳統製法做成的食品、或是用日本國產原料所做成的製品等特產上。

不好意思開口問「釀造酒」和「蒸餾酒」的差別

正在閱讀此書的你
想必應該對本格燒酎充滿興趣
不過，你能夠完整地說出
「釀造酒」和「蒸餾酒」的不同嗎？

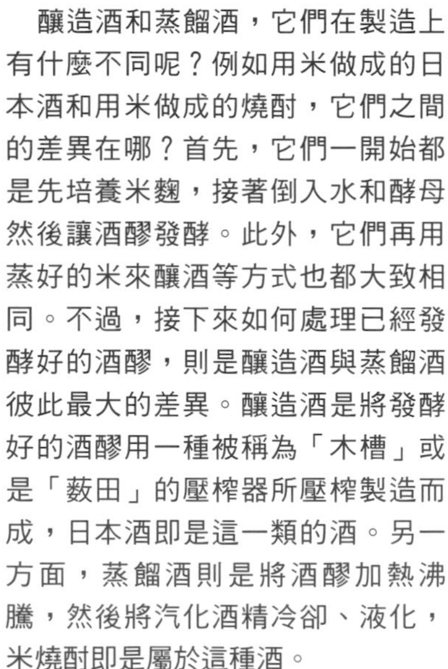

「天狗櫻」芋燒酎蒸餾酒
與木桶蒸餾器（白石酒造）

釀造酒和蒸餾酒，它們在製造上有什麼不同呢？例如用米做成的日本酒和用米做成的燒酎，它們之間的差異在哪？首先，它們一開始都是先培養米麴，接著倒入水和酵母然後讓酒醪發酵。此外，它們再用蒸好的米來釀酒等方式也都大致相同。不過，接下來如何處理已經發酵好的酒醪，則是釀造酒與蒸餾酒彼此最大的差異。釀造酒是將發酵好的酒醪用一種被稱為「木槽」或是「薮田」的壓榨器所壓榨製造而成，日本酒即是這一類的酒。另一方面，蒸餾酒則是將酒醪加熱沸騰，然後將汽化酒精冷卻、液化，米燒酎即是屬於這種酒。

就像用米釀造成日本酒或蒸餾成米燒酎一樣，用麥釀造出來的叫啤酒，蒸餾後則成為威士忌。同樣的，用葡萄釀造成葡萄酒，經過蒸餾則成為白蘭地。

也就是說，從酒醪所萃取而成的酒稱為釀造酒，再經過加熱和蒸餾則成為了蒸餾酒。

酒的分類

酒類依照下表大致可分為3類，其中，燒酎和泡盛是屬於蒸餾酒。

分類	例
釀造酒	日本酒、啤酒、葡萄酒、黃酒（紹興酒等）
蒸餾酒	燒酎、威士忌、白蘭地、伏特加、琴酒、萊姆酒、龍舌蘭酒、白酒（茅台酒等）
混成酒	利口酒、甜味水果酒、味霖、合成清酒

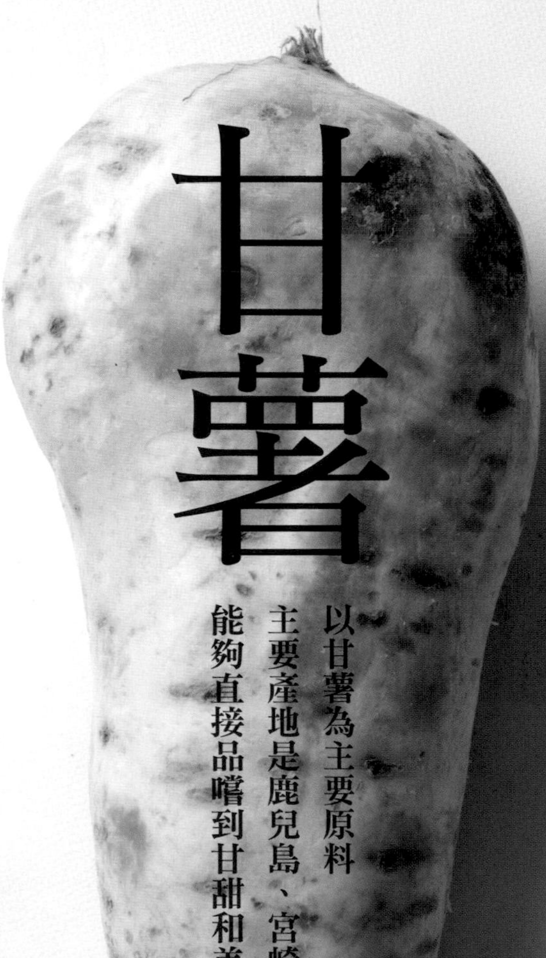

甘藷

以甘藷為主要原料
主要產地是鹿兒島、宮崎縣和伊豆諸島
能夠直接品嚐到甘甜和美味

味道與香氣都無可挑剔的「芋燒酎」

甘薯的澱粉量只有穀類的1/3，水分又多，是一種難以長期保存的蔬菜，因此雖然全世界都有廣泛地栽種，但是用來當作製酒原料的卻只有日本的芋燒酎。製造芋燒酎時，最重要的是必須使用新鮮的甘薯，所以通常酒廠都會集中在甘薯產地。此外，芋燒酎的製造期間也只限於甘薯採收期也就是從秋季到冬季這3～4個月之間而已。芋燒酎的主要產地是鹿兒島縣、宮崎縣和伊豆諸島。伊豆諸島當初是在江戶時代末期，因薩摩的貿易商人丹宗庄右衛門被流放到八丈島而帶來了燒酎的製造技術，至今則已經成為了代表當地的島酒。

芋燒酎的特色在於能感覺到甘薯的豐富滋味以及柔和的甘甜，不管燒酎和水、熱水的比例為何，都完全無損於整體風味的和諧度。在酒廠、酒質以及飲者都越來越講究的今日，芋燒酎更是讓大家對它著迷不已。

櫻島（Sakurajima）、西鄉隆盛（Saigoh Takamori）、燒酎（Shochu）是鹿兒島的3S

從創業之初便一直受到當地人愛戴的名酒

金峰 [きんぽう]

鹿兒島縣南薩摩市 宇都酒造

宇都酒造的四周由一片田園風景所環繞，感覺相當悠然自得。位於薩摩半島的「金峰山」素有靈峰之稱，當初第1代酒藏主人選擇在能夠欣賞到「金峰山」最美的位置蓋了這間酒廠，並且將酒款命名為「金峰」。目前酒藏的負責人是第4代的宇都尋智，他除了燒酎之外，也曾在清酒廠學習過。他利用這些經驗努力製造燒酎，從原料的挑選到各項作業的細節都相當講究且從不妥協。「金峰」有著黑麴特有的濃郁香氣和來自甘薯的香甜柔軟，相當適合鹿兒島鄉土料理當中像是紅燒排骨或是烤肉等味道濃郁的肉類料理。「要喝出金峰特有的香甜，加水飲用最適合」酒藏主人說。

味道 ◀淡雅 —— 濃郁▶

香氣 ◀內斂 —— 華麗▶

推薦飲法

度數	25度		
主原料	黃金千貫／鹿兒島縣產		
麴菌	米麴（黑）	蒸餾方式	常壓
儲藏方式	酒槽儲藏	儲藏期間	1年以上

¥ 720ml：1,183日圓、1.8L：2,108日圓

酒廠直販／無　酒廠參觀／需預約

推薦酒款

華麗的香氣使人陶醉

天文館 [てんもんかん]

以南九州最繁華的鬧街「天文館」為名的酒款。此燒酎採低溫發酵並細心釀造後才進行蒸餾，它的特色在於有著高雅的甘甜，非常適合在夜晚細細品嚐，怎麼樣都喝不膩。

推薦飲法 

¥ 720ml：1,080日圓、1.8L：1,890日圓

度數	25度	主原料	黃金千貫／鹿兒島縣產				
麴菌	米麴（白）	蒸餾方式	常壓	儲藏方式	酒槽儲藏	儲藏期間	12個月

● 創立年：1903年（明治36年）● 酒藏主人：第4代　宇都尋智 ● 杜氏：宇都尋智 ● 從業員數：3人
● 地址：鹿兒島県南さつま市加世田益山2431 ● TEL：0993-53-2260　FAX：0993-52-8882

沉穩的薯香與甘甜，感覺非常調和

限量上市 知覽武家屋敷

[げんていくらだし ちらんぶけやしき]
鹿兒島縣南九州市 知覽釀造

知覽釀造位在知覽地區，那裡素有薩摩的小京都之稱，同時聚集著許多歷史悠久的武士住宅。知覽的附近有著肥沃的土地盛產著茶、白蘿蔔和甘薯等農作物，天氣好的時候，還能夠在海的彼方看見屋久島，而「知覽武家屋敷」便是在如此風光明媚的地方所釀造出來的。這款燒酎使用每天採收並經過嚴格篩選的新鮮甘薯，在原料的處理上從不馬虎。酒廠努力製造好麴，發揮感官的敏銳度，徹底並細心地製酒，因而釀造出香氣與味道非常均衡、怎麼樣都喝不膩的味道。這款酒特別適合搭配炸地瓜、生土雞肉以及烤丁香魚等鹿兒島的鄉土料理，喝的時候可以加熱水飲用，然後再搭配一些下酒菜以好好地享受一頓美好時光。

味道 ◀淡雅 —— 濃郁▶

香氣 ◀內斂 —— 華麗▶

推薦飲法

度數	25度		
主原料	黃金千貫／鹿兒島縣南薩摩產		
麴菌	米麴（黑）	蒸餾方式	常壓
儲藏方式	酒槽儲藏	儲藏期間	1～2年

¥ 720ml：1,200日圓、1.8L：2,200日圓
酒廠直販／有（只有酒廠直販）　酒廠參觀／可

推薦酒款

豐富的滋味在口中散開

長期貯蔵 知覧武家屋敷 紅芋30°［ちょうきちょぞう ちらんぶけやしき べにいも30°］

散發出草本以及蘋果等果實般的華麗香氣，餘韻有如蜂蜜般的香甜且悠遠。一開始可以先直接喝喝看，接著再加冰塊慢慢品嚐。

推薦飲法 

¥ 1.8L：3,000日圓

度數	30度	主原料	紅芋／鹿兒島縣南薩摩產				
麴菌	米麴（黑）	蒸餾方式	常壓	儲藏方式	酒槽儲藏	儲藏期間	約5～6年

● 創立年：1919年（大正8年）● 酒藏主人：第4代　森暢 ● 杜氏：森暢 ● 從業員數：9人 ● 地址：鹿児島県南九州市知覧町塩屋24475 ● TEL：0993-85-3980　FAX：0993-85-3990

酒廠位於知覽町南部的知覽町鹽屋，這裡有著一大片的茶園和甘薯田，田園景緻相當美麗。知覽釀造自昭和60年開始製酒，土地的前身是廢校的二松中學。在酒廠裡，可看見黃金千貫的葉子在陽光下閃閃發光。

熱情真摯，森暢社長的人格特質同時也反映在自家的燒酎上

由前代社長森正木所特別訂製的蒸餾器。芋燒酎的香氣相當豐富，如果能在蒸餾時下工夫，那麼就能夠製造出與眾不同、獨具特色的燒酎。

森暢社長過去曾從事過茶葉調和的工作，因此也將這些經驗運用在燒酎的製造上。在燒酎調和的技術與熱情方面，他可說是各酒廠中的佼佼者。

燒酎蒸餾之後會放在酒槽或是酒甕裡進行儲藏、熟成，之後再加水調整酒精濃度。燒酎裝瓶後，用手將酒標一張張地貼上去，然後才出貨上市。

以製造清酒用的酒造好適米為原料所釀製而成的稀有燒酎

雄町櫻井［おまちさくらい］

鹿兒島縣南薩摩市 櫻井酒造

從鹿兒島機場到櫻井酒造大約要1個小時的車程。酒廠位在靠近薩摩半島中央的西側，東邊是金峰山，西邊則能眺望著吹上濱。櫻井酒造是一間員工人數不多的小酒廠，主要是由一對夫婦所經營。雖然釀的酒不多，但是卻充滿用心。「雄町櫻井」在原料上極為講究，它所用來製麴的酒米是精碾過的岡山縣「雄町米」，這種米也是用來製造清酒的酒造好適米；此外，他們用來釀造的黃金千貫在經過篩選後，大約會被切掉2成左右。雄町櫻井這款燒酎的特色在於能夠清楚聞到米麴香，入口時還會有一股濃濃的甘薯香氣，後味輕快也相當出色。搭配料裡時，燒烤或是叉燒等香味十足的料理會是個很好的選擇，不管是加冰塊或加水喝都不錯，建議可依所搭配的料理而調整飲用時的溫度。

味道 ◀淡雅 —— 濃郁▶

香氣 ◀內斂 —— 華麗▶

推薦飲法

度數	25度		
主原料	黃金千貫／鹿兒島縣南薩摩產		
麴菌	米麴（黑）	蒸餾方式	常壓
儲藏方式	酒槽儲藏	儲藏期間	3～12個月

¥ 1.8L：2,857日圓

酒廠直販／無　酒廠參觀／需預約（要有店家的介紹）

推薦酒款

酒廠推薦款，充分展現黑麴特色
黑櫻井［くろさくらい］

雖然香氣濃烈，但入口時卻感覺淡雅，後味則相當舒暢，也因此會讓人忍不住一杯接著一杯。味道怎樣喝都不會膩，非常適合平時用餐時飲用。

推薦飲法

¥ 720ml：1,295日圓、1.8L：2,381日圓

度數	25度	主原料	黃金千貫／鹿兒島縣產				
麴菌	米麴（黑）	蒸餾方式	常壓	儲藏方式	酒槽儲藏	儲藏期間	3～12個月

● 創立年：1905年（明治38年）● 酒藏主人：第3代　櫻井弘之 ● 杜氏：櫻井弘之 ● 從業員數：3人
● 地址：鹿児島県南さつま市金峰町池辺295 ● TEL：0993-77-1332　FAX：0993-77-1351

充滿魅力的厚重甘薯味

無過濾原酒 純黑

［むろかげんしゅ じゅんくろ］
鹿兒島縣指宿市 田村

田村酒藏所用的原料是採自於酒廠附近的「唐芋（甘薯）發祥地」所栽種出來的甘薯，在製造燒酎時則秉持著自創立以來所堅持「用眼看、動手做、細心謹慎」的精神。「無過濾原酒 純黑」的製造時期是在9月到12月之間，而蒸餾好的燒酎會儲藏到寒冷的1月下旬以後，接著再仔細地將浮在酒槽表面的雜醇油去除後便可裝瓶上市。「我們的燒酎不是感覺細緻的那種，而是努力重現從前在地人就一直很愛的那種濁酒味道」酒藏主人說。這款燒酎喝起來有著濃郁的厚重甘薯味，加熱水飲用更能慢慢地引出甘薯的香甜，就算只喝一口也能讓人感到滿足。在近年來強調舒暢輕快的芋燒酎之中，「無過濾原酒 純黑」可說是相當大放異彩的一款。

味道 ◀淡雅 ▼（最右） 濃郁▶

香氣 ◀內斂 ▼（第四格） 華麗▶

推薦飲法

度數	37度		
主原料	黃金千貫／鹿兒島縣南薩摩・德光產		
麴菌	米麴（黑）	蒸餾方式	常壓
儲藏方式	酒槽儲藏	儲藏期間	約4個月

¥ 開放價格

酒廠直販／無　酒廠參觀／可事先預約

代表酒款

倍受鹿兒島人喜愛的正統芋燒酎

純黑［じゅんくろ］

和原酒相比味道更為沉穩，不過同樣都能確實地感受到強勁的原料滋味。喝起來非常棒，不管用什麼方式飲用都能喝出酒款的特色。

推薦飲法

¥ 開放價格

度數	25度	主原料	黃金千貫／鹿兒島縣南薩摩・德光產				
麴菌	米麴（黑）	蒸餾方式	常壓	儲藏方式	酒槽儲藏	儲藏期間	未公開

● 創立年：1897年（明治30年）● 酒藏主人：第4代 桑鶴ミヨ子 ● 杜氏：新村洋一 ● 從業員數：12人
● 地址：鹿児島県指宿市山川町成川7351-2 ● TEL：0993-34-0057 FAX：0993-34-0057

【蒸餾酒】將原料發酵做成釀造酒之後，接著再經過蒸餾程序所萃取出來的高酒精濃度酒。除了燒酎之外，其他像是威士忌和白蘭地等也都是屬於蒸餾酒。

味道優雅安定，讓人陶醉不已

村尾［むらお］

鹿兒島縣薩摩川內市 村尾酒造

村尾酒造位在離薩摩川內市區有段距離的山裡，那裡樹林生長茂密且自然景觀相當豐富。如果是燒酎迷，那麼一定都知道「村尾」是一款知名度極高且不太容易買到的人氣酒款。不過即使如此，酒藏主人也並不因此志得意滿，而是持續盡心盡力地將品質做到最好。也正因為這樣的態度，所以才能得到如此廣大的支持。在製酒方面，他們從優質素材的選購到原料的處理、以及米麴的培育上皆非常用心，同時還堅持使用傳統的酒甕來進行第一次和第二次釀造。村尾這款酒的味道相當細緻，同時還能嚐到甘薯自然的甘甜與層次豐富的滋味，只要喝一口便不自覺會發出讚嘆。此外，在最後還能感覺到餘韻慢慢地滲透出來，悠遠流長而讓人回味無窮。飲用時，請務必加熱水細細品嚐。

味道　◀淡雅　濃郁▶

香氣　◀內斂　華麗▶

推薦飲法

度數	25度		
主原料	黃金千貫／鹿兒島縣南薩摩產		
麴菌	米麴（黑）	蒸餾方式	常壓
儲藏方式	酒槽儲藏	儲藏期間	3～12個月

¥ 1.8L：2,520日圓

酒廠直販／無　酒廠參觀／不可

代表酒款

尚不為人所知的好酒，非常適合晚上小酌一番

薩摩茶屋［さつまちゃや］

因為「薩摩藩公御茶屋敷」遺跡位於酒廠附近，因而將此酒款命名為「薩摩茶屋」。味道好喝，讓人每晚都想小酌一番，而且價格合理，喝這一款的時候也請務必加熱水品嚐看看。

推薦飲法

¥ 1.8L：1,862日圓

度數	25度	主原料	黃金千貫／鹿兒島縣南薩摩產				
麴菌	米麴（黑）	蒸餾方式	常壓	儲藏方式	酒槽儲藏	儲藏期間	3～12個月

● 創立年：1902年（明治35年）● 酒藏主人：第4代　氏鄉真吾 ● 杜氏：氏鄉真吾 ● 從業員數：7人
● 地址：鹿児島県薩摩川內市陽成町8393 ● TEL：0996-30-0706　FAX：0996-30-0133

一年只有一次能享受到的強勁新酒滋味

新燒酎六代目百合

［しんしょうちゅう ろくだいめゆり］
鹿兒島縣薩摩川內市 鹽田酒造

每年的夏季尾聲，鹽田酒造便會收到從島內外農家寄來的甘薯，那是在東海海風的吹拂之下所發育而成的鹿兒島甘薯。酒廠在製酒時，會將蒸好的米鋪平後才開始米麴的培養作業。製麴是製造燒酎的第一階段，這時需少量且慢慢地撒上麴菌，仔細地來回搓揉。等到米麴培養出來後，加入水和酵母並花上1週的時間來釀造出第一次酒醪，之後再移到第二次釀造用的酒甕裡並倒入水和蒸熟且搗碎後的甘薯。第二次釀造需大約10天左右，接著再經過蒸餾便可用儲藏酒槽來進行熟成。「六代目百合」這個酒名是來自「鹿子百合」這種在島上盛開的花朵；「新燒酎」，則是因為這是款100%用剛釀造好的新酒稀釋成25度後上市的燒酎。「六代目百合」採接單後生產的方式製酒，一年只有一次，在各特約店只販售所預約的數量。

味道 ◀淡雅 ―――――――――▼ 濃郁▶

香氣 ◀內斂 ―――――――▼―― 華麗▶

推薦飲法　※各種飲法都適合

度數	25度		
主原料	黃金千貫、白薩摩／鹿兒島縣產		
麴菌	米麴（黑）	蒸餾方式	常壓
儲藏方式	酒槽儲藏	儲藏期間	數日

¥ 1.8L：2,500日圓
酒廠直販／無　酒廠參觀／不可

推薦酒款

滋味美妙，讓人知道什麼才是真正的芋燒酎
六代目百合35°［ろくだいめゆり35°］

基本上製法和25度的六代目百合相同，但因為加的水少，因此會讓人感覺更加鮮美。此款芋燒酎可說濃縮了六代目百合的特色，味道相當厚實。

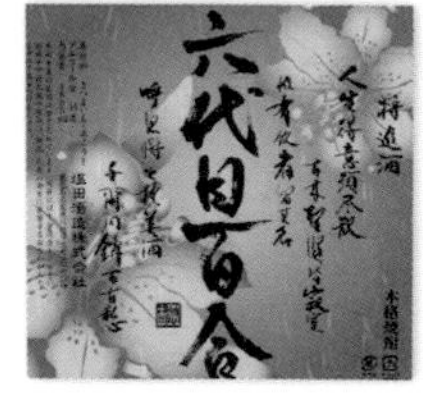

推薦飲法　※各種飲法都適合

¥ 1.8L：3,240日圓

度數	35度	主原料	黃金千貫、白薩摩／鹿兒島縣產				
麴菌	米麴（黑）	蒸餾方式	常壓	儲藏方式	酒槽儲藏	儲藏期間	3～12個月

● 創立年：江戶時代天保年間 ● 酒藏主人：第6代　鹽田將史 ● 杜氏：鹽田將史 ● 從業員數：4人
● 地址：鹿兒島県薩摩川內市里町里1604 ● TEL：09969-3-2006　FAX：09969-3-2088

【釀造酒】將穀物或果實等原料發酵所做成的酒；採單式發酵釀造而成的葡萄酒，以及利用糖化和發酵同時進行的並行複式發酵所釀成的日本酒等都是屬於這種酒。

在酒上刻著兄弟倆的名字，展翅飛向未來

一尚SILVER

［いっしょうシルバー］
鹿兒島縣薩摩郡 小牧釀造
http://komakijozo.co.jp

小牧釀造是一間以兩位年輕的兄弟為中心，再加上一群願意共同為製酒奮鬥且同樣年輕、充滿幹勁的釀酒師所組成的酒藏。「一尚」是由這兩位兄弟所一起創造出來的酒款，酒名則是將哥哥「一德」和弟弟「尚德」的名字各取一字所命名而成。這款酒是用100年前被培養分離出來的黑麴菌與江戶酵母菌所釀造而成，它在酒藏成立100周年之際推出，除了作為紀念，也期許酒藏能順利地邁向下一個100年。這款酒在製造時，更要求每項工序務必細心謹慎，從原料的處理到蒸餾完後的過濾等作業絕不馬虎，努力讓味道不含其他雜味。一尚這款酒的味道細緻舒暢，還能感覺到馥郁的甘薯味與香氣；飲用時的溫度不同，風味也會跟著改變而充滿特色。喝的時候可以先直接飲用，接著再試試加熱水等其他喝法以體驗出不同的樂趣。

味道 ◀淡雅 濃郁▶

香氣 ◀內斂 華麗▶

推薦飲法

度數	25度		
主原料	黃金千貫／鹿兒島縣湧水町等		
麴菌	米麴（黑）	蒸餾方式	常壓
儲藏方式	酒槽儲藏	儲藏期間	6個月以上

¥ 720ml：1,409日圓、1.8L：2,657日圓
酒廠直販／無　酒廠參觀／不可

推薦酒款

顛覆既有觀念！用啤酒酵母所發酵而成的燒酎

一尚BRONZE［いっしょうブロンズ］

由於使用不耐高溫的啤酒酵母來釀造，因此在發酵時必須徹底保持低溫，可說是一款充滿創意與挑戰的燒酎。喝的時候，會感覺到柑橘般的爽快香氣和甘薯淡淡的甘甜在口裡散開。

推薦飲法

¥ 720ml：1,409日圓、1.8L：2,657日圓

度數	25度	主原料	黃金千貫／鹿兒島縣薩摩町、鹿屋產				
麴菌	米麴（白）	蒸餾方式	常壓	儲藏方式	酒槽儲藏	儲藏期間	6個月以上

● 創立年：1909年（明治42年）● 酒藏主人：第5代　小牧一德 ● 杜氏：小牧一德 ● 從業員數：14人
● 地址：鹿児島県薩摩郡さつま町時吉12 ● TEL：0996-53-0001　FAX：0996-53-0043

非常適合搭配料理的餐中酒，讓人想要好好地酒足飯飽一番

萬膳 ［まんぜん］

鹿兒島縣霧島市 萬膳酒造

希望能連結飲食並成為適合搭配所有料理的餐中酒，這是萬膳所想要呈現出來的概念。所謂的「萬膳」，指的是「上萬種」的「膳食」。這款酒使用手工製麴並以酒甕釀造，透過木桶蒸餾的方法而讓口感圓潤舒服。在黑麴特有的刺激香氣中，同時還帶著暖呼呼的甘甜，讓人喝的時候能特別感到放鬆。萬膳酒造獨自佇立在霧島的森林當中，四周十分寧靜，彷彿還能聽到風的氣息與小鳥的啼叫。「我們用的水源非常清澈（超軟水），這是霧島連山所賜予的禮物」酒藏主人說。這款酒的包容性相當好，能夠搭配各種料理，真不愧是適合每天喝的佐餐酒。

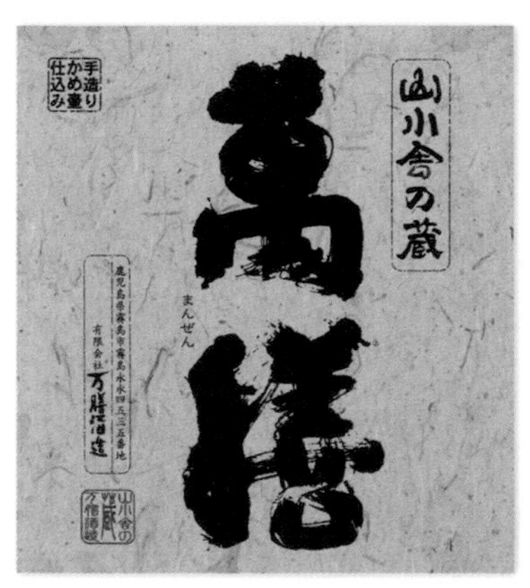

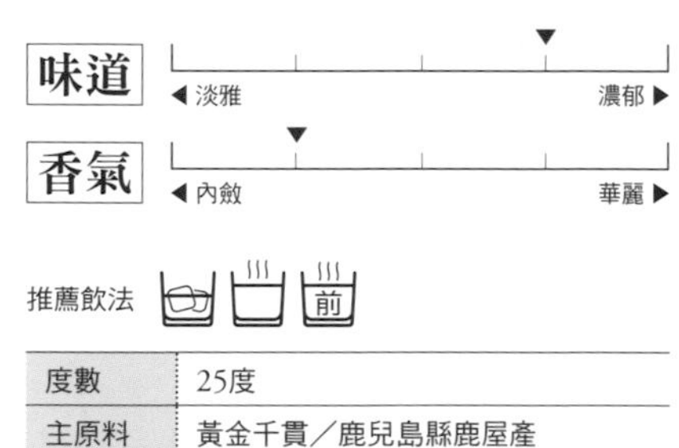

度數	25度		
主原料	黃金千貫／鹿兒島縣鹿屋產		
麴菌	米麴（黑）	蒸餾方式	常壓
儲藏方式	酒槽儲藏	儲藏期間	4～5個月

¥ 1.8L：2,900日圓

酒廠直販／無　酒廠參觀／不可

推薦酒款

餘韻深遠，一年只推出2400瓶的超限量酒款

萬膳 秋田小町 DECANTER ［まんぜん あきたこまち デキャンタびん］

製造方式和「萬膳」相同，不過這款酒是用「秋田小町」這種米來製造米麴，因此味道會更加香醇豐富，入口時還能感覺到木桶和堅果般的濃郁芳香在嘴裡散開。

推薦飲法 前

¥ 1.8L：2,900日圓

度數	25度	主原料	黃金千貫／鹿兒島縣鹿屋產				
麴菌	米麴（黑）	蒸餾方式	常壓	儲藏方式	酒槽儲藏	儲藏期間	約6個月

● 創立年：1922年（大正11年）● 酒藏主人：第4代　萬膳利弘 ● 杜氏：萬膳利弘 ● 從業員數：5人
● 地址：鹿児島県霧島市霧島永水宮迫4535番外2 ● TEL：0995-57-2831　FAX：0995-57-2831

溫熱後方顯其價值的芋焼酎

黑麴釀造 佐藤

［くろこうじじこみ さとう］
鹿兒島縣霧島市 佐藤酒造
http://www.satohshuzo.co.jp

佐藤使用霧島山系得天獨厚的優質水源，他們細心地將甘薯處理好，然後努力地釀造出能充分發揮甘薯原味與香氣的燒酎。此外，當燒酎製造出來之後，接著還會經過漫長的熟成使味道更加沉穩、喝起來更加順口。飲用時，特別推薦溫熱過再喝，如此一來可讓香氣浮現，並使酒本身的豐富味道慢慢地擴散開來。總之不要加冰塊，請務必加熱水或是加水放置數日後再加熱飲用。這款酒非常適合紅燒肉或豬腳等仔細入味過的肉類料理，一起搭配享用保證絕對會讓人欲罷不能。佐藤酒造位在霧島山群的山麓旁，那裡有著一大片美麗又寬廣的高原，而酒廠的位置則離日本首屈一指的霧島溫泉鄉不遠。在享受這款酒的同時，可一邊遙想著那如詩畫般的風情，可謂是人生中的一大樂事。

味道：◀淡雅 —— 濃郁▶
香氣：◀內斂 —— 華麗▶

推薦飲法

度數	25度		
主原料	黃金千貫／鹿兒島縣全縣		
麴菌	米麴（黑）	蒸餾方式	常壓
儲藏方式	酒槽儲藏	儲藏期間	約2.5～3年

¥ 720ml：1,673日圓、1.8L：3,355日圓（關東價格） 酒廠直販／無 酒廠參觀／不可

推薦酒款

香氣有如剛蒸好的甘薯

白麴釀造 佐藤［しろこうじじこみさとう］

此酒款的特色在於有著乾爽舒服的香氣，就像是剛蒸好的甘薯一樣。此外，由於味道喝起來會比黑麴款還要溫和，因此搭配料理時，魚類或是蒸煮蔬菜等料理會比肉類料理更加適合。

推薦飲法 前

¥ 720ml：1,591日圓、1.8L：3,200日圓（關東價格）

度數	25度	主原料	黃金千貫／鹿兒島縣產				
麴菌	米麴（白）	蒸餾方式	常壓	儲藏方式	酒槽儲藏	儲藏期間	約2.5～3年

● 創立年：1906年（明治39年）● 酒藏主人：第4代 佐藤誠 ● 杜氏：佐藤誠 ● 從業員數：26人
● 地址：鹿児島県霧島市牧園町窪田2063 ● TEL：0995-76-0018 FAX：0995-76-1249

使用大正時期的夢幻甘薯

蔓無源氏

［つるなしげんぢ］
鹿兒島縣霧島市 國分酒造
http://www.kokubu-imo.com

國分酒造位在沿著川原溪谷旁的山中，那裡的自然景觀相當豐富，而酒廠用來釀造燒酎的水源就是從那裡的地下100公尺所抽出來的清澈地下水。國分酒造對於原料的講究無人能出其右，他們秉持著，使用大正時期存在過的甘薯來釀造「大正之一滴」的想法，與來自霧島市的農民谷山秀時一起用10株甘薯苗成功復育出「蔓無源氏」這個原本在100多年前早已滅絕的甘薯品種。酒廠自平成17年開始使用老麴來釀造蔓無源氏，所謂的老麴指的是將大正時期最常用的黑麴用更長的時間來培育，因而使得這款酒能散發出有如白蘭地般因熟成所帶來的深沉香氣與舒服的餘韻，可說是相當具有特色。飲用時適合加熱水、或是加水放置數日後再加熱飲用。

味道 ◀淡雅 濃郁▶

香氣 ◀內斂 華麗▶

推薦飲法

度數	26度		
主原料	蔓無源氏／鹿兒島縣霧島產		
麴菌	米麴（黑）	蒸餾方式	常壓
儲藏方式	酒槽儲藏	儲藏期間	2～3年

¥ 720ml：1,224日圓、1.8L：2,448日圓

酒廠直販／無　酒廠參觀／不可

推薦酒款

以杜氏為名的100%芋燒酎

安田［やすだ］

使用「蔓無源氏」為原料的安田，它是由釀酒師安田宣久花了非常多年才獨自創造出100%使用甘薯所釀製而成的燒酎。香氣有如荔枝般的迷人，非常適合加冰塊飲用。

推薦飲法

¥ 1.8L：2,448日圓

度數	26度	主原料	蔓無源氏／鹿兒島縣霧島產				
麴菌	薯麴（黑）	蒸餾方式	常壓	儲藏方式	酒槽儲藏	儲藏期間	約1年

● 創立年：1970年（昭和45年）● 酒藏主人：第3代　笹山護 ● 杜氏：安田宣久 ● 從業員數：20人
● 地址：鹿児島県霧島市国分川原1750 ● TEL：0995-47-2361 FAX：0995-47-2095

忠實展現出原料特色的芋燒酎

風光 ［かぜひかる］

鹿兒島縣鹿屋市 神川酒造
http://www.kamikawa-syuzo.com

神川酒造的所在位置離鹿屋市的市區有些距離，四周圍繞著雜樹林與水田，自然景色相當豐富；酒藏主人說：「我們這裡在夏天可聽到蟬兒聚集合唱」。風光是神川酒造所推出的限量酒款，它使用吃起來香甜可口且很受歡迎的安納薯為原料，釀造的水源則是來自酒廠附近的照葉林所流出來的地下水。風光的特色在於能直接聞到彷彿是來自原料的甘薯甜香，味道非常沉穩。細細品嚐能感覺到香醇的滋味，喝起來非常容易入口。飲用時，雖然飲法不拘，不過酒藏主人最推薦的則是加熱水喝。濃郁的滋味透過溫熱，更可讓豐富的味道在口中散開。搭配料理時，力道不輸燒酎、味道濃郁的肉料理會非常適合。

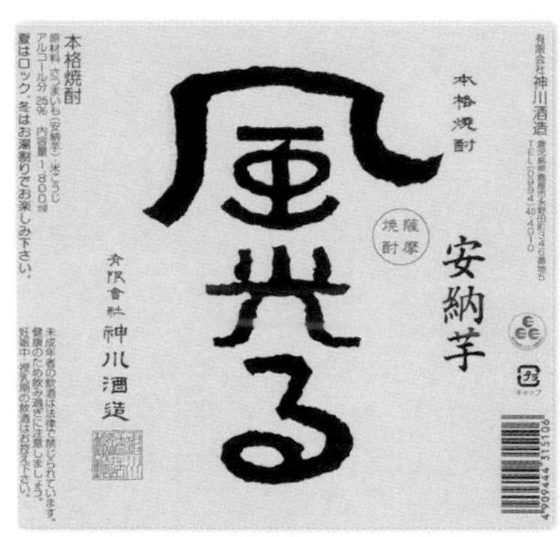

味道 ◀淡雅 濃郁▶

香氣 ◀內斂 華麗▶

推薦飲法

度數	25度		
主原料	安納甘薯／鹿兒島縣大隅半島、鹿屋產		
麴菌	米麴（黑）	蒸餾方式	常壓
儲藏方式	酒槽儲藏	儲藏期間	3個月

¥ 720ml：1,478日圓、1.8L：2,440日圓
酒廠直販／有　酒廠參觀／限少人數

推薦酒款

充滿對豐富大自然的感情所釀成的酒
照葉樹林［しょうようじゅりん］

創業之初即有的經典酒款。神川酒造所用的水源是來自鹿兒島的照葉樹林，抱著希望這片樹林能一直永續下去的心情，而將燒酎命名為照葉樹林。這款酒有著淡淡的甘甜和輕快溫和的口感。

推薦飲法 

¥ 720ml：1,060日圓、1.8L：2,047日圓

度數	25度	主原料	黃金千貫／鹿兒島縣大隅產				
麴菌	米麴（黑）	蒸餾方式	常壓	儲藏方式	酒槽儲藏	儲藏期間	3個月

● 創立年：1963年（昭和38年）● 酒藏主人：第3代 嶋田正文 ● 杜氏：柚木隆 ● 從業員數：8人
● 地址：鹿児島県鹿屋市永野田町346-5 ● TEL：0994-40-4010 FAX：0994-40-4012

全家共同努力所釀造出的好喝燒酎

八千代傳（黑）

［やちよでん くろ］
鹿兒島垂水市 八千代傳酒造
http://yachiyoden.jp

「八千代」在過去曾有30年呈現停產的狀態，後來在2004年由現任的第三代酒藏主人將酒廠遷移後，才又重新開始恢復生產。而繼續承接製酒想法的是酒藏主人的兩個兒子，且他們分別是酒藏的未來接班人與釀酒負責人。目前酒藏以他們為中心，然後在新蓋好的「八千代傳」認真勤奮地釀造燒酎。八千代傳酒造近年來很積極地向海外開拓市場，他們希望自家的燒酎未來不只是日本，同時也能受到世界各地的喜愛。在原料方面，他們除了向契作農家訂購之外，從2011年起也開始努力自行栽種新鮮又好吃的甘薯。此外，酒廠用來釀造的水源更是來自國有林猿城溪谷的優質水源，而這也是讓他們的燒酎喝起來如此美味的關鍵之一。八千代發揮素材原有的美味，用心製酒並全程採酒甕釀造，因此才讓味道圓潤豐富且後味俐落舒暢。

味道 ◀淡雅　濃郁▶

香氣 ◀內斂　華麗▶

推薦飲法

度數	25度		
主原料	黃金千貫／垂水鹿屋產，由自家栽培		
麴菌	米麴（黑）	蒸餾方式	常壓
儲藏方式	酒槽儲藏	儲藏期間	6個月

¥ 720ml：1,150日圓、1.8L：2,300日圓
酒廠直販／有　酒廠參觀／可（需預約）

推薦酒款

口感相當好，讓人想一喝再喝
八千代傳 熟柿［やちよでんじゅくし］

一年只推出一次的秋季限定商品。酒如其名，其特色在於喝起來有著熟柿般的濃郁甘甜與圓潤口感。飲用時可以先加冰塊喝喝看，接著再加小蘇打水好好享受一番。

推薦飲法

¥ 1.8L：2,381日圓

度數	25度	主原料	黃金千貫／鹿兒島縣垂水鹿屋產，由自家栽培				
麴菌	米麴（未公開）	蒸餾方式	常壓	儲藏方式	酒槽儲藏	儲藏期間	1年

● 創立年：1928年（昭和3年）● 酒藏主人：第3代 八木榮壽 ● 杜氏：八木大次郎 ● 從業員數：15人 ● 地址：鹿児島県垂水市新御堂鍋ヶ久保1332-5猿ヶ城渓谷蒸留所 ● TEL：0994-32-8282 FAX：0994-32-8283

由種子島最小的酒廠所釀造出的芋燒酎

黑麴釀造 南泉

［くろこうじじこみ なんせん］
鹿兒島縣熊毛郡 上妻酒造
http://kouzuma-shuzou.com

一直深受當地人所喜愛的「南泉」，它孕育自南國之地，四周則由美麗的蔚藍海洋所圍繞。上妻酒造位在以槍炮傳來之地而聞名的種子島其南端的南種子町，這裡現在被稱做是「日本最靠近宇宙的城鎮」而越來越受矚目。在原料方面，南泉特地使用島上契作農所種植、並受到種子島的強烈日照而成長茁壯的甘薯。「正因為酒廠小，所以才能一瓶一瓶地細心釀造」酒藏主人說。他們特別是在溫度管理上非常徹底，因而才讓燒酎充分地展現出黑麴個性的香氣與豐富滋味。南泉喝起來不但感覺柔順、口感輕快，且餘韻深遠悠長。為了能好好享受那豐富的香氣，飲用時以加冰塊或加水喝最為合適。

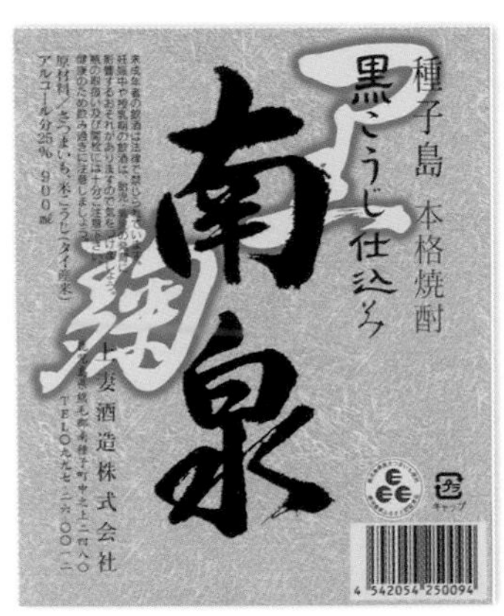

味道 ◀淡雅 濃郁▶

香氣 ◀內斂 華麗▶

推薦飲法

度數	25度		
主原料	白薯／鹿兒島縣種子島產		
麴菌	米麴（黑）	蒸餾方式	常壓
儲藏方式	酒槽儲藏	儲藏期間	3～12個月

¥ 900ml：943日圓、1.8L：1,752日圓
酒廠直販／無　酒廠參觀／可

推薦酒款

微甘高雅的紫薯酒
紫浪漫［むらさきろまん］

使用種子島所產、富含多酚的紫薯，不但有著果實般的香氣，味道也相當舒暢，即使不愛喝燒酎的人也會喜歡。

推薦飲法

¥ 720ml：1,091日圓、1.8L：2,067日圓

度數	25度	主原料	種子島GOLD／鹿兒島縣種子島產				
麴菌	米麴（黑）	蒸餾方式	常壓	儲藏方式	酒槽儲藏	儲藏期間	3～12個月

● 創立年：1926年（昭和元年）● 酒藏主人：第3代　上妻博見 ● 杜氏：上妻博穗 ● 從業員數：7人
● 地址：鹿兒島県熊毛郡南種子町中之上2480 ● TEL：0997-26-0012 FAX：0997-26-6667

從原料的生產到燒酎的製造全程採用循環農法

㐂六

[きろく]
宮崎縣兒湯郡 黑木本店
http://www.kurokihonten.co.jp

黑木本店為了自行栽種甘薯來做為原料，特地成立了農業生產法人公司。此外，他們還擁有自家的酒糟廢液處理設備，可將燒酎酒粕轉換成肥料，進而實現了從土壤施肥開始便特別講究的循環型燒酎製造。密切結合地域性的燒酎釀造，不僅受到業界關注，更引起了其他類釀造者的注目。這樣的嘗試，同時也反映他們細緻的酒質之上。而「㐂六」便是款能充分展現出他們原料之優質的燒酎，它的特色在於有著恰到好處的苦澀香氣與香草般的香甜，入喉滑順暢快，喝起來讓人相當滿足。此外，若是吃生魚片之類的冷盤料理時可加冰塊喝，搭配炸物或是牛排等則適合加熱水，不管用任何溫度都能嚐出它的美味，這一點也讓它充滿魅力。根據不同的料理找出最適合的喝法，而這個過程同時也能讓人得到許多樂趣。

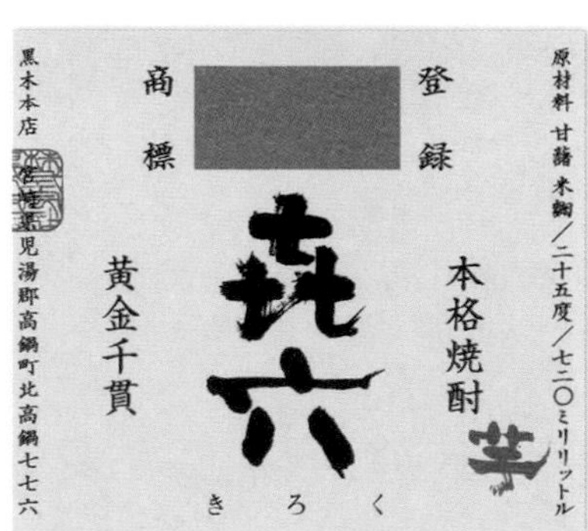

味道 ◀淡雅 —— 濃郁▶

香氣 ◀內斂 —— 華麗▶

推薦飲法

度數	25度		
主原料	黃金千貫／宮崎縣兒湯郡產		
麴菌	米麴（黑）	蒸餾方式	常壓
儲藏方式	酒槽儲藏	儲藏期間	約1年

¥ 720ml：1,152日圓、1.8L：2,219日圓
酒廠直販／無　酒廠參觀／不可

推薦酒款

味道彷彿是柔弱可愛的美少女
尾鈴山 山貓［おすずやま やまねこ］

彷彿突然迸出來的華麗香氣使人印象深刻，撲鼻而來的味道有如白色的花朵或是麝香葡萄般的嬌弱又富含果香。由於經過漫長的熟成，因而讓味道喝起來相當高雅細緻。

推薦飲法

¥ 720ml：1,219日圓、1.8L：2,429日圓

度數	25度	主原料	JOY WHITE／宮崎縣兒湯產				
麴菌	米麴（白）	蒸餾方式	常壓	儲藏方式	酒槽儲藏	儲藏期間	2年半

● 創立年：1885年（明治18年）● 酒藏主人：第4代　黑木敏之 ● 杜氏：黑木信作 ● 從業員數：32人
● 地址：宮崎県児湯郡高鍋町北高鍋776 ● TEL：0983-23-0104　FAX：0983-23-0105

【乙類燒酎】用單式蒸餾器所蒸餾出酒精濃度低於45度的酒。原料有米、麥、甘薯和黑糖等，種類相當繁多，香氣來源不同與味道豐富為其主要特色。

在西酒造所進行的多種甘薯實驗性栽種。上面的照片是甘薯苗的種植作業情形，酒廠人員除了造酒之外，還必須花不少工夫來栽種甘薯（西酒造）。

攝影／松隈直樹

燒酎專欄

備受矚目的「甘薯品種」

特別請教「酒館 內藤商店」的東條辰夫館長、討論關於酒廠對甘薯原料的日益重視

10幾年前，當芋燒酎酒廠在向業者購買甘薯時，他們並不會特別考慮甘薯的新鮮度或是其生產者，甘薯對他們而言就只是一種單純的製酒原料而已。不過近年來，卻有越來越多的酒廠開始嘗試使用各種不同的甘薯來釀造新的燒酎。即使只有如此，卻已經是非常大的進步。「接著，開始出現像黑木本店那樣成立農業法人並以"造酒是農業"的理念來生產燒酎；還有像是西酒造那樣和契作農攜手合作，企圖以農業來發展造酒。另外，還有一些酒廠像是白石酒造則是會自己開闢農地並栽種不使用農藥和化學肥料的甘薯以製造出令人滿意的燒酎。從十年前來看，這些做法可說是相當新穎」東條說。「未來酒廠會對原料越來越重視，將來應該能期待會有越來越多不同口味的燒酎出現」。

在自己開闢的農地上所種出來的黃金千貫。今年的芋燒酎也同樣讓人充滿期待（白石酒造）。

「蔓無源氏」
（TSURUSHIGENJI）
谷山秀時所生產的「蔓無源氏」發現於明治40年，在那之前幾乎無人種植。用這種甘薯來釀造燒酎，能讓味道散發出甘薯特有的純淨香甜，喝起來相當圓潤滑順（國分酒造）。

使用不同的甘薯，燒酎的風味也會跟著改變

用來製造芋燒酎的代表品種是昭和41（1966）年問世的黃金千貫，該品種的特色在於它的澱粉含量比其他甘薯還要多，因此所釀造出來的燒酎有著和諧又迷人的香氣。黃金千貫現在穩坐芋燒酎原料的寶座，不過其他還有專門為燒酎而培育出來的JOY WHITE和紅東等品種。此外，目前也正持續開發耐病蟲害、可保存較久、或是能提高酒精萃取率的甘薯、以及能製造出全新風味酒質的新品種，像是將主原料甘薯命名為「紅東印」、「綾紫印」、「白豐印」的，就是西酒造所培育出來的系列品種。下次喝芋燒酎的時候，不妨注意一下甘薯的品種並試飲比較看看，這應該也是懂得如何享受燒酎的一種喝法。

用來做為燒酎原料的代表、且今後也相當值得期待的甘薯品種

芋燒酎原料的龍頭
「黃金千貫」
昭和41（1966）年誕生，含有大量澱粉的品種。

非常適合用來製造燒酎的燒酎專用品種
「JOY WHITE」
平成6（1994）年誕生，用它所製造出來的燒酎味道非常香甜。

含有相當豐富的多酚
「紫芋」
收穫量大，用它來製造燒酎能獲得很高的評價。

蒸煮後會有牛奶般的甜味
「白豐」

能讓酒質渾厚
「白薩摩」

含有相當多的澱粉
「薩摩優」

能讓味道舒服輕盈
「紅隼人」

常用來當作烤番薯
「紅東」

胡蘿蔔素含量最多
「玉茜」

是否能超越黃金千貫！?
「黃金優」

紫芋之王
「PURPLE SWEET LORD」

照片提供／農研機構 九州沖繩農業研究中心・作物研究所

提出將芋燒酎熟成的新想法

天狗櫻2010製

［てんぐざくら2010せい］
鹿兒島縣市來串木野市 白石酒造

由年紀才37歲的年輕酒藏主人所釀造出來的酒而受到大家矚目的白石酒造，他們並不在乎世俗或是流行，獨自在孤高的道路上努力追求心目中理想的燒酎。在麴室中使用傳統麴蓋培育麴菌；製酒時，不論是第一次還是第二次發酵，全都是使用古早的三石甕來進行釀造。這酒款完全拋棄過去芋燒酎幾乎不進行熟成的概念，而是致力將它釀造成能充分發揮蒸餾酒最大魅力的熟成酒。「就像從土裡冒出來的果實，然後探索熟成方法與儲藏方式」酒藏主人如此論述。喝的時候，除了能感覺到麴菌帶來的香甜與類似甘薯風乾後所散發出的乾果香，還有用來儲藏的酒甕所帶來的風味，味道複雜多變並在嘴裡散開。喝法不同，風味也會跟著改變，可說是一款相當迷人的燒酎。

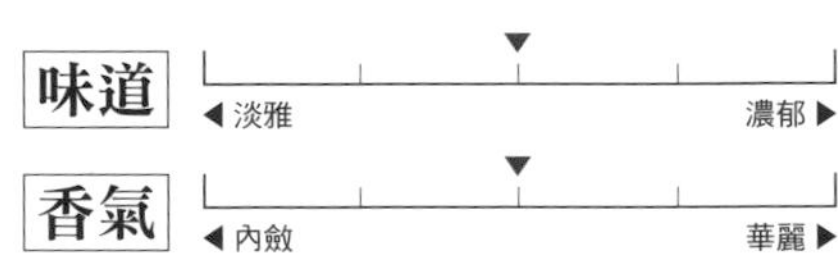

推薦飲法

度數	25度		
主原料	黃金千貫／鹿兒島縣市來串木野產等		
麴菌	米麴（白）	蒸餾方式	常壓
儲藏方式	酒甕、酒槽	儲藏期間	5年

¥ 720ml：1,574日圓、1.8L：3,000日圓
酒廠直販／無　酒廠參觀／需預約

代表酒款

從創業之初一直流傳至今的經典代表酒款

天狗櫻［てんぐざくら］

製法基本上和「天狗櫻2010製」相同，不過這一款沒有經過熟成因而充滿新鮮風味。由於味道帶著甘薯厚實的甘甜，加熱水飲用會更好喝。

推薦飲法

¥ 720ml：1,223日圓、1.8L：2,186日圓

度數	25度	主原料	黃金千貫／鹿兒島縣市來串木野市、種子島、長島產				
麴菌	米麴（白）	蒸餾方式	常壓	儲藏方式	酒槽儲藏	儲藏期間	4～18個月

● 創立年：1894年（明治27年）● 酒藏主人：第5代　白石貴史 ● 杜氏：白石貴史 ● 從業員數：7人
● 地址：鹿児島県市いちき串木野市湊町1-342 ● TEL：0996-36-2058　FAX：0996-36-2194

在市來串木野市租借原本棄種的農地，自己從頭開墾，他們用來做為燒酎原料而栽種的甘薯完全不使用化學肥料和農藥。今年所收成的黃金千貫也長得非常好。從左開始是前田順一、橋口史、井手迫英昭，這三位雖然都是酒廠人員，但也花很多工夫在原料的栽種上。

努力釀造出 屬於當地的燒酎

將來可能會影響整個燒酎業界的第5代酒藏主人——白石貴史社長。他接手家業已經有13年，他很樂於嘗試用各種新的方式來製酒，對於燒酎口味的追求和行動力上都可說是業界的No.1。「想要釀造出深受在地人喜愛，且可以一直流傳下去、喝起來真的很棒的地方酒」他說。

創立於明治27（1894）年的白石酒造，在酒廠內堆滿許多傳統酒甕，這裡的第一次和第二次釀造全都是用酒甕來進行。照片中最裡面的是木製、不銹鋼和琺瑯製這3種蒸餾器；為了蒸餾出變化豐富的味道而使用不同的蒸餾器。

釀造時不加以過濾，徹底保留住甘薯的美味

相良 白麴無過濾

［さがら しろこうじむろか］
鹿兒島縣鹿兒島市 相良酒造
http://sagarasyuzou.com

從市中心出發到相良酒造只要幾分鐘，它是鹿兒島市內唯一持續在製造燒酎的酒廠。相良酒造創立於亨保15年（1730年），可說是歷史非常悠久的老舗。他們所製造的酒一直深受鹿兒島當地人的喜愛，據說在從前幕府時代甚至還曾獻奉酒給殿下過。「相良 白麴無過濾」使用來自南薩摩地區所產的甘薯，蒸餾後不加以過濾而保留住甘薯原有的風味。由於主要是家庭製酒因此人手不多，「雖然在處理原料時很辛苦，不過因為這是農家辛勤種出來的原料，所以一定要非常謹慎小心」酒廠的人說。此酒款洋溢著甘薯的鮮美，口感紮實且充滿魅力，加熱水飲用會讓酒的個性更加鮮明。

味道 ◀淡雅 濃郁▶
香氣 ◀內斂 華麗▶

推薦飲法

度數	25度		
主原料	黃金千貫／鹿兒島縣南薩摩產		
麴菌	米麴（白）	蒸餾方式	常壓
儲藏方式	酒槽儲藏	儲藏期間	6個月以上

¥ 720ml：1,048日圓、1.8L：1,905日圓
酒廠直販／需洽詢　酒廠參觀／需洽詢

推薦酒款

粗濾釀造，通路限定的燒酎

相良兵六［さがらひょうろく］

蒸餾後由於只有稍微過濾，因此味道濃郁豐富且充滿黑麴特有的香氣。加了熱水之後，不只享受到香氣，還能品嚐到甘薯的鬆軟滑順。

推薦飲法

¥ 720ml：1,048日圓、1.8L：2,020日圓

度數	25度	主原料	黃金千貫／鹿兒島縣南薩摩產				
麴菌	米麴（黑）	蒸餾方式	常壓	儲藏方式	酒槽儲藏	儲藏期間	6個月以上

● 創立年：1730年（享保15年）● 酒藏主人：第10代　相良博信 ● 杜氏：北原直樹 ● 從業員數：8人
● 地址：鹿児島県鹿児島市柳町5-6 ● TEL：099-222-0534　FAX：099-222-1157

厚重粗曠且充滿甘薯特色的燒酎

不二才 [ぶにせ]

鹿兒島縣南九州市 佐多宗二商店
http://www.satasouji-shouten.co.jp

佐多宗二商店位在鹿兒島南部，周圍是一大片綠油油的茶園和甘薯田，這裡還能遠遠地眺望著東海以及開聞岳，四周的景色相當美麗。酒藏的經營理念是「希望所釀造出來的燒酎，能讓每位喝到的人都感到幸福」。「不二才」在薩摩方言中是「醜男」的意思，就像酒名一樣，這款酒喝起來給人一種粗曠、陽剛又紮實的印象。「經過許多錯誤嘗試，終於釀造出更有甘薯味的酒質」酒藏主人說。此酒款的特色在於能感覺到強勁的甘薯味，味道相當厚實。口感雖然刺激，卻不會感到不快，甚至可說是相當洗練。喝的時候建議加熱水飲用，搭配料理時則以烤雞屁股或是麻婆茄子等口味較油的料理最為合適。

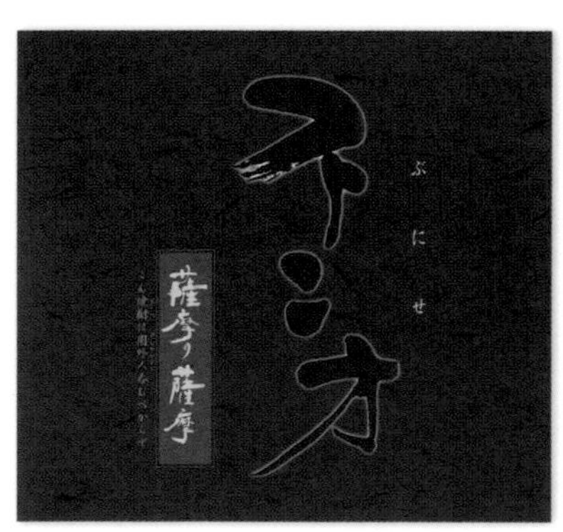

味道 ◀ 淡雅 — 濃郁 ▶

香氣 ◀ 內斂 — 華麗 ▶

推薦飲法

度數	25度		
主原料	黃金千貫／鹿兒島縣南薩摩產		
麴菌	米麴（白）	蒸餾方式	常壓
儲藏方式	酒槽儲藏	儲藏期間	未公開

¥ 720ml：1,266日圓、1.8L：2,400日圓
酒廠直販／無　酒廠參觀／需預約

推薦酒款

特別用新蒸餾法所製造出的酒
XXIV24 [XXIV24]

特別從義大利進口間接加熱蒸餾器來進行蒸餾，打造出燒酎釀製的新觀念。名字中的「24」指的是調和的比例，剩下的76%用不二才加以調和，因而讓味道更加細緻洗練。

XXIV

推薦飲法 前 ※加水後冰鎮

¥ 720ml：1,600日圓、1.8L：2,700日圓

度數	25度	主原料	黃金千貫／鹿兒島縣南薩摩產				
麴菌	米麴（白）	蒸餾方式	常壓	儲藏方式	酒槽儲藏	儲藏期間	3個月以上

● 創立年：1908年（明治41年）● 酒藏主人：第4代　佐多宗公 ● 杜氏：黑瀨矢喜吉 ● 從業員數：22人 ● 地址：鹿児島県南九州市頴娃町別府4910 ● TEL：0993-38-1121　FAX：0993-38-0098

甘薯（黑麴） 甘薯（白麴） 甘薯（黃麴） 甘薯（原酒・酒頭・無過濾） 麥 米 黑糖 泡盛（新酒） 泡盛（古酒） 其他

使用木槽來釀造燒酎，讓人充分感受到豐富的大自然風味

別撰 野海棠

[べっせん のかいどう]
鹿兒島縣薩摩川內市 祁答院蒸餾所
http://www.imoshochu.com/imuta

祁答院蒸餾所位於鹿兒島縣立自然公園裡的「藺牟田池」畔旁，在製酒時彷彿就像與大自然融為一體。會這樣說，是由於他們在製麴時，所用的麴室是以具有隔熱效果和保溫性高的「杉木」所建造而成；另外在製酒時則是以木槽來進行釀造，也就是說所有的製造工程都會與天然木互相接觸，進而讓祁答院蒸餾所成為鹿兒島縣內第一家以木槽釀造的燒酎酒廠。所謂的「野海棠」，指的是一種在全世界只有霧島才有的野生花卉。就像是那清新嬌小的花朵一般，野海棠這款酒的味道也十分高雅，其特色在於有著暖暖的薯香和輕盈的甘甜，用木槽釀造才有的木頭香也感覺相當舒服沉穩，細細品嚐時總不禁讓人想起那豐富的大自然。

味道 ◀淡雅 濃郁▶

香氣 ◀內斂 華麗▶

推薦飲法

度數	25度		
主原料	黃金千貫／鹿兒島縣產		
麴菌	米麴（白、黑）	蒸餾方式	常壓
儲藏方式	酒槽儲藏	儲藏期間	1年以上

¥ 720ml：1,429日圓、1.8L：2,838日圓
酒廠直販／可　酒廠參觀／可

推薦酒款

讓人想細細品嚐的好酒

長期儲藏 別撰 野海棠 [ちょうきちょぞう べっせん のかいどう]

將「別撰 野海棠」蒸餾之後，一滴水也不加，然後再經過3年以上熟成才得已完成的傑作。正因為經過漫長地沉睡，因此讓這款酒有著風味優雅的特色，喝的時候適合直接慢慢享用。

推薦飲法 

¥ 1.8L：10,000日圓

度數	32度	主原料	黃金千貫／鹿兒島縣產				
麴菌	米麴（白、黑）	蒸餾方式	常壓	儲藏方式	酒槽儲藏	儲藏期間	3年以上

● 創立年：1902年（明治24年）● 酒藏主人：第4代 古屋芳高 ● 杜氏：井上聰 ● 從業員數：9人
● 地址：鹿児島県薩摩川内市祁答院町藺牟田2728-1 ● TEL：0996-31-8115 FAX：0996-31-8115

就像九州男兒般地強而有力

鶴見 白濁無過濾 ［つるみ はくだくむろか］

鹿兒島縣阿久根市 大石酒造

酒名的由來據說是因為初代酒藏主人很喜歡一邊看著從西伯利亞飛來的鶴，然後一邊享用著燒酎。大石酒造的酒口感沉穩厚實而非輕盈洗練，他們非常善於釀造出過去芋燒酎迷所喜歡的那種味道。「鶴見 白濁無過濾」是款將剛蒸餾出來的原酒不經過儲藏、過濾便立即裝瓶的酒，因此氣味強烈，甚至有點像是瓦斯味。味道喝起來既粗曠又紮實，太過柔弱的人來喝可能會立刻被擊倒，真可說是款非常適合男人喝的酒。除此之外，從開瓶到最後，還能享受到逐漸展開變化的風味。搭配料理時，酒藏主人特別推薦紅燒黑豬肉或是味噌鯖魚等味道濃郁的料理。飲用前，請記得搖一搖。

味道 ◀淡雅 —— 濃郁▶

香氣 ◀內斂 —— 華麗▶

推薦飲法

度數	25度		
主原料	白豐／鹿兒島縣阿久根產		
麴菌	米麴（白）	蒸餾方式	常壓
儲藏方式	無	儲藏期間	無

¥ 1.8L：2,250日圓

酒廠直販／無　酒廠參觀／可

推薦酒款

對蒸餾特別講究的限量名酒

限量款兜鶴見［げんていひん かぶとつるみ］

使用自古所留傳下來的「兜釜」，蒸餾時下了不少工夫的限量酒款。淡淡的木頭香讓人覺得非常舒服，此外還能感覺到清爽柔順的甘甜。喝的時候可以先直接飲用看看。

推薦飲法

¥ 720ml：1,520日圓、1.8L：3,293日圓

度數	25度	主原料	白豐／鹿兒島縣阿久根產				
麴菌	米麴（白）	蒸餾方式	常壓	儲藏方式	酒甕儲藏	儲藏期間	3個月～

● 創立年：1899年（明治32年）● 酒藏主人：第5代　大石啟元 ● 杜氏：北川喜繼 ● 從業員數：8人
● 地址：鹿児島県阿久根市波留1676 ● TEL：0996-72-0385　FAX：0996-72-0386

特別重視製麴，口感滑順而後味暢快的好酒

NAKAMURA

［なかむら］
鹿兒島縣霧島市 中村酒造場
http://nakamurashuzoujo.com

中村酒造場位於被稱為國分平原的田園地帶，四周除了農田之外，還有山、川以及海洋，自然資源非常豐富。「中村」的製麴是在石造麴室裡進行的，據說目前九州只剩下三家酒廠還有這種麴室。相較於大部分的酒廠會使用全自動滾筒式製麴機或是三角棚，中村酒造場則採取和製造清酒同樣的手法——完全只用麴蓋來培養麴菌。「雖然製麴到半夜是非常辛苦的工作，不過如果這項作業做的不夠確實，便無法釀造出好的燒酎」酒藏主人說。中村入喉時感覺很滑順，味道洗練俐落，想必這是因為酒廠對製麴特別講究才能成就出來的滋味。此外，它的香氣也十分迷人，就像是剛蒸好的甘薯一樣感覺暖烘烘的。喝的時候可依照酒藏主人所推薦的先直接飲用看看。

味道：◀ 淡雅 —— 濃郁 ▶

香氣：◀ 內斂 —— 華麗 ▶

推薦飲法

度數	25度		
主原料	黃金千貫／鹿兒島縣大隅產		
麴菌	米麴（白）	蒸餾方式	常壓
儲藏方式	酒槽儲藏	儲藏期間	3～6個月

¥ 1.8L：2,762日圓
酒廠直販／無　酒廠參觀／需預約

代表酒款

味道非常甘甜，簡直就像是最上等的玉露
玉露 黑麴［ぎょくろ くろこうじ］

「玉露」自創業以來一直是該酒廠的經典酒款，它的價格雖然便宜，但卻完全是以手工並採「酒甕釀製法」細心釀造而成。喝起來甘薯味強勁，非常適合用心細細品嚐。

推薦飲法 

¥ 900ml：924日圓、1.8L：1,743日圓

度數	25度	主原料	黃金千貫／鹿兒島縣大隅產				
麴菌	米麴（黑）	蒸餾方式	常壓	儲藏方式	酒槽儲藏	儲藏期間	3～6個月

● 創立年：1888年（明治21年）● 酒藏主人：第5代 中村敏治 ● 杜氏：上堂薗孝藏 ● 從業員數：5人
● 地址：鹿児島県霧島市国分湊915 ● TEL：0995-45-0214 FAX：0995-45-9002

由鹿兒島最古老的酒廠所釀造而成，深受初代酒藏主人所喜愛的酒

石藏 [いしくら]

鹿兒島縣始良市 白金酒造
http://www.shirakane.jp

白金酒造是鹿兒島縣內最古老的酒藏，它位在鹿兒島縣內的中央地區，四周則由海洋與山群所包圍著。從酒廠附近的海邊能瞭望著壯麗的櫻島，而從吉野山群的山麓所流出的清水則是酒廠在製酒時所不可或缺的天賜水源。「石藏」和初代酒藏主人當時在釀造夢幻名酒時的手法相同，「由於全是手工釀造，因此室內以及酒醪的溫度管埋一定要特別注意，雖然不分晝夜地全程監控很辛苦，但是能夠釀造好喝的酒，真的很高興」酒藏主人說。白金酒造在酒廠成立時所留下來的石窖裡以手工的方式製麴，第一次和第二次釀造皆使用酒甕來進行，接著還以木桶蒸餾器來蒸餾，因而讓這款酒散發出相當具有特色的溫和薯香與木頭味。

味道　◀淡雅 —— 濃郁▶（▼位於第3格）

香氣　◀內斂 —— 華麗▶（▼位於第2格）

推薦飲法

度數	25度		
主原料	黃金千貫／鹿兒島縣產		
麴菌	米麴（白）	蒸餾方式	常壓
儲藏方式	酒槽儲藏	儲藏期間	1年

¥ 720ml：2,000日圓、1.8L：3,800日圓
酒廠直販／無　酒廠參觀／可

代表酒款

代表酒廠的暢銷商品
白金乃露 [しろがねのつゆ]

白金乃露推出於大正元年，它是款長年深受當地人喜愛的經典燒酎。由於在處理原料時還特地將甘薯皮去除，因此釀出來的酒不帶雜味和苦澀，喝起來有著淡淡的香甜。

推薦飲法

¥ 900ml：872日圓、1.8L：1,623日圓

度數	25度	主原料	黃金千貫／鹿兒島縣產				
麴菌	米麴（白）	蒸餾方式	常壓	儲藏方式	酒槽儲藏	儲藏期間	3～12個月

● 創立年：1869年（明治2年）● 酒藏主人：第5代　竹之內晶子 ● 杜氏：東中川太 ● 從業員數：34人
● 地址：鹿児島県始良市脇元1933 ● TEL：0995-65-2103　FAX：0995-64-5370

卓越且引以為傲的穩定性，燒酎界的明星酒款

森伊藏 [もりいぞう]

鹿兒島縣垂水市 森伊藏酒造
http://www.moriizou.jp

這是許多燒酎迷所夢寐以求、且眾所皆知的知名酒款。不過即使賣得非常好，森伊藏酒造卻不改初衷，只是全心全意地想辦法製造出好酒。森伊藏酒造這座合掌造型的木造酒廠其歷史非常悠久，他們的藏付酵母※在此已居住了120年上，並持續在酒廠創立之初所留傳下來的日式酒甕裡慢慢地進行發酵。森伊藏酒造所用的原料是來自鹿兒島契作農所種植的黃金千貫，水源則是來自大隅半島的高隅系地下水。在黑麴的全盛時期他們便堅持使用白麴製造，因此在非常早的時候就已經推出口感輕盈爽快又優雅的芋燒酎，能夠有這樣的決斷，至今仍使人記憶猶新。森伊藏這款酒的特色在於有著甘薯的沉穩香氣和細緻的口感，味道很有層次，搭配各種料理都適合。

※藏付酵母：自古便出現在酒廠裡的野生酵母

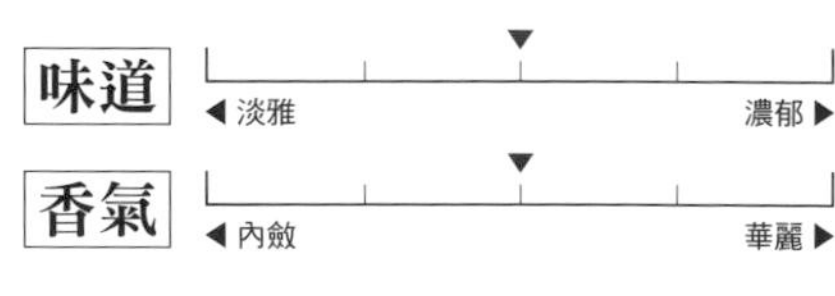

推薦飲法

度數	25度		
主原料	黃金千貫／鹿兒島縣曾於產		
麴菌	米麴（白）	蒸餾方式	常壓
儲藏方式	未公開	儲藏期間	3～6個月

¥ 1.8L：2,808日圓

酒廠直販／無　酒廠參觀／不可

推薦酒款

味道非常和諧的傑作
極上 森伊藏 [ごくじょうもりいぞう]

經過漫長的熟成，將甜味和美味等各種滋味調和成一體，形成相當舒服圓潤的口感。飲用時可以加些冰塊，然後慢慢品嚐。

推薦飲法 

¥ 720ml：5,616日圓

度數	25度	主原料	黃金千貫／鹿兒島縣曾於產				
麴菌	米麴（白）	蒸餾方式	常壓	儲藏方式	酒槽儲藏	儲藏期間	3～4年

● 創立年：1885年（明治18年）● 酒藏主人：第5代 森覺志 ● 杜氏：森覺志 ● 從業員數：15人 ● 地址：鹿児島県垂水市牛根境1337 ● TEL：0994-36-2063 FAX：0994-36-3441

價格親民，讓人相當滿意的日常酒

三岳 ［みたけ］

鹿兒島縣熊毛郡 三岳酒造

三岳酒造位於被列入世界遺產的屋久島，從這裡能看見美麗的綠色山群。在製酒所不可欠缺的水源方面，酒藏主人說：「清冽的屋久島天然水被選為日本百大名水，拜此水所賜，才能讓三岳釀造出舒服圓潤的味道」。由於是離島的關係，這裡經常受到颱風等氣候狀況的影響而難以確保原料的穩定，再加上濕度高的土地特性而讓溫度在管理上更加不易。不過，為了釀造出好喝的酒，酒廠總是不辭辛勞並保持一貫的態度，努力製造出能更適應當地氣候風土的好酒。三岳做為餐中酒非常好喝，不過它的魅力更在於價格平實因此能天天享用。搭配任何料理都適合，不過當地人特別推薦，喝的時候可以以炸飛魚甜不辣或是鯖魚生魚片來當做下酒菜。

味道 ◀淡雅　濃郁▶

香氣 ◀內斂　華麗▶

推薦飲法 ※6：4的燒酎與熱水比例

度數	25度		
主原料	黃金千貫／鹿兒島縣產		
麴菌	米麴（白）	蒸餾方式	常壓
儲藏方式	酒槽儲藏	儲藏期間	3個月以上

¥ 900ml：938日圓、1.8L：1,752日圓

酒廠直販／無　酒廠參觀／需預約（限少人數）

推薦酒款

美味紮實且餘韻悠長

原酒三岳［げんしゅみたけ］

美味紮實，餘韻也很悠長，適合各種喝法，不論是直接飲用或是加水喝都很推薦。喝的時候不會突然感覺味道變調，即使是最後一滴還是很好喝，讓人相當滿足。

推薦飲法

¥ 720ml：2,381日圓

度數	39度	主原料	黃金千貫／鹿兒島縣產				
麴菌	米麴（白）	蒸餾方式	常壓	儲藏方式	酒槽儲藏	儲藏期間	3個月以上

● 創立年：1958年（昭和33年）● 酒藏主人：第2代　佐佐木睦雄 ● 杜氏：櫻井直人 ● 從業員數：45人 ● 地址：鹿児島県熊毛郡屋久島町安房2625-19 ● TEL：0997-46-2026　FAX：0997-46-2197

【減壓蒸餾】降低蒸餾器內的氣壓，以40～50度的沸點讓酒沸騰的一種蒸餾法，它的特色在於能蒸餾出味道舒服洗練的燒酎。

能充分品嚐到從前令人懷念的芋燒酎風味

山豬

［やまじし］
宮崎縣小林市 須木酒造
http://suki-syuzo.jp

須木酒造是家為了製造出理想的酒而一直努力奮鬥的酒藏，他們為了釀造出從前那種味道的燒酎，並期許酒藏能一直永續經營下去，因此在平成22年也就是酒藏成立滿100年的時候，將酒廠遷移到新蓋好的木造燒酎廠，然後在那裡繼續進行著手工製麴與全酒甕釀造的作業。「山豬」是款忠實反映出酒藏概念的燒酎，它的特色在於有著濃郁且紮實的甘甜，那粗曠的口感讓人感覺相當強而有力。對於最近成為主流的那種輕盈順口味道感到不夠過癮的人，這款酒的風格特別能受到他們的青睞，總讓他們想一直喝到酒瓶見底為止。這款燒酎和烤得香噴噴的土雞肉串的味道非常合，飲用時可以好好享受這種份量十足的搭配。

味道 ◀淡雅 濃郁▶

香氣 ◀內斂 華麗▶

推薦飲法

度數	25度		
主原料	JOY WHITE／南九州產		
麴菌	米麴（白）	蒸餾方式	常壓
儲藏方式	酒槽儲藏	儲藏期間	約6個月

¥ 1.8L：2,000日圓

酒廠直販／無　酒廠參觀／可

推薦酒款

限量4000隻的「WAKEMON（若者）」酒
限量款 SOGENWAKEMON［そげんわけもん］

這款酒雖然在蒸餾完的數週後便不經過過濾而直接裝瓶，但是喝起來卻有著熟成般的圓潤與和諧，同樣的酒裡卻有著兩種截然不同的表情，實在是一款蠻有趣的酒。

推薦飲法

¥ 1.8L：1,898日圓

度數	25度	主原料	黃金千貫／宮崎縣產				
麴菌	米麴（白）	蒸餾方式	常壓	儲藏方式	酒槽儲藏	儲藏期間	約2週

● 創立年：1910年（明治43年）● 酒藏主人：第3代　兒玉潤一 ● 杜氏：內嶋光雄 ● 從業員數：7人
● 地址：宮崎県小林市須木下田393-3 ● TEL：0984-48-2016 FAX：0984-48-2555

口感圓潤滑順，任何時候喝都能讓人放鬆的好酒

獨步

［ひとりあるき］
宮崎縣日南市 古澤釀造
http://www.nichinan-yaezakura.jp

古澤釀造擁有縣內唯一且相當具有特色的土藏（傳統日式倉庫），自創業以來酒廠便一直在土藏裡釀酒。「土藏能夠保持酒廠內的溫度，這樣的建築在溫度管理相當困難的南方地區非常適合」，酒藏主人如此告訴我們。獨步這酒款很早就開始使用「Joy White」這個在平成7年被推薦為適合當作燒酎原料的優良品種來進行釀造，「希望能打造出全新的芋燒酎」酒藏主人如此期許。此外，為了打造出「手工釀造的古早味」，酒藏使用現在已經很少見的麴蓋來製麴，並利用素燒大酒甕來進行發酵。他們細心地蒸餾出每一瓶酒，而讓這款燒酎有著舒服的薯香和圓潤的味道。喝的時候非常推薦可在用餐時加水或加熱水飲用，那溫和的甘薯甜味能讓人心情放鬆，並使人慢慢地消除疲勞。

味道 ◀淡雅 濃郁▶
香氣 ◀內斂 華麗▶

推薦飲法

度數	25度		
主原料	JOY WHITE／南九州產		
麴菌	米麴（白）	蒸餾方式	常壓
儲藏方式	酒甕、酒槽儲藏	儲藏期間	6～18個月

¥ 720ml：1,100日圓、1.8L：2,257日圓
酒廠直販／無　酒廠參觀／需預約

代表酒款

適合晚酎的酒廠經典款
八重櫻［やえざくら］

刻意不將各個酒槽的原酒混合，因此每年所推出的味道都不盡相同。喝的時候雖然能感覺到紮實又鮮美的甘薯味，但是質地卻相當溫和，讓人無時無刻都想喝它。

推薦飲法

¥ 720ml：933日圓、1.8L：1,810日圓

度數	25度	主原料	黃金千貫／南九州產				
麴菌	米麴（白）	蒸餾方式	常壓	儲藏方式	酒甕、酒槽儲藏	儲藏期間	6～18個月

● 創立年：1892年（明治25年）● 酒藏主人：第5代　古澤昌子 ● 杜氏：古澤昌子 ● 從業員數：4人（釀造時期為16人）● 地址：宮崎県日南市大堂津4-10-1 ● TEL：0987-27-0005 FAX：0987-27-1853

【燒酎原料】雖然原料的種類繁多，不過像是發酵過的麥芽等穀類，或是果實、蜂蜜、楓糖等含糖的東西則規定不得做為燒酎原料。

只取燒酎最美味的部分來做調和

心水［もとみ］

宮崎縣串間市 松露酒造
http://shouro-shuzou.co.jp

松露酒造的起源是在昭和3年由當地的農家共同製造燒酎而開始的，後來股東之一的初代酒藏主人最先成立了這間松露酒造，並一直營運至今。他們所釀造的燒酎有著甘薯的香氣和美味，但是卻不隨波逐流追求粗曠厚重的口感，這點自創業當初以來便從未改變。「我們的責任就是在這片先人所流傳下來的土地上，繼承並守護著這份味道」酒藏主人說。「心水」大幅切掉酒頭和後段的酒尾而成為相當奢侈一款酒。此外，該酒款的另個特色在於它為了保留住強勁的鮮美，因此只進行了最低限度的過濾，接著再經過一段時間熟成便裝瓶上市。這款酒香醇濃厚，口感飽滿，餘韻深遠流長；喝的時候適合加冰塊或加熱水，然後慢慢品嚐以享受箇中滋味。

味道 ◀淡雅 — 濃郁▶

香氣 ◀內斂 — 華麗▶

推薦飲法

度數	25度		
主原料	黃金千貫／南九州產		
麴菌	米麴（白）	蒸餾方式	常壓
儲藏方式	酒槽儲藏	儲藏期間	1年以上

¥ 720ml：1,100日圓、1.8L：2,400日圓（當地的未稅價格） 酒廠直販／無 酒廠參觀／不可

代表酒款

穩定性高，各種飲法都適合

松露［しょうろ］

不過度過濾，確實保留住甘薯的原味，深受當地人所喜愛的基本酒款。味道厚實，各種飲法都很好喝，酒質穩定讓人想一直喝下去。

推薦飲法 

¥ 720ml：902日圓、1.8L：1,724日圓（當地的未稅價格）

度數	25度	主原料	黃金千貫／南九州產				
麴菌	米麴（白）	蒸餾方式	常壓	儲藏方式	酒槽儲藏	儲藏期間	1年以上

● 創立年：1928年（昭和3年）● 酒藏主人：第2代 矢野貞次 ● 杜氏：矢野治彥 ● 從業員數：12人
● 地址：宮崎県串間市寺里1-17-5 ● TEL：0987-72-0221 FAX：0987-72-2883

首支完全只用甘薯所釀造而成的芋燒酎

純芋 ［じゅんいも］

鹿兒島縣霧島市 國分酒造
http://www.kokubu-imo.com

平成9年12月，國分酒造成功地使用100%的甘薯來釀造出燒酎，這個劃時代的嘗試在當時可說是業界的一大創舉。在此之前，只要提到燒酎的麴菌，不論哪家酒廠都是用米所製造出來的，這是因為在特別溫暖的鹿兒島，想要用水份含量多的甘薯來製造健全且優質的麴菌是件相當困難的事。在無前例可循的情形之下，釀酒師抱著想要製造出「全甘薯」燒酎的信念，努力奮鬥且經過多次的錯誤嘗試之後，最後終於找出將甘薯蒸熟後可以不再經過任何處理而能讓它直接長出麴菌的獨特方法。由於酒廠所使用的麴菌是製造日本酒所用的黃麴，因此釀造出來的芋燒酎有著過去從未有過的迷人香氣。此外，因為「純芋」並未加水稀釋，而是以原酒的狀態直接出貨上市，所以在喝的時候還能充分享受到甘薯濃縮後的紮實美味。

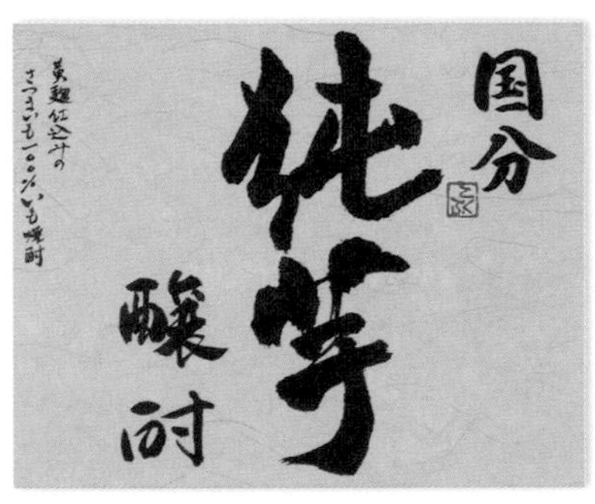

味道　◀淡雅　濃郁▶
香氣　◀內斂　華麗▶

推薦飲法

度數	36度（會有變動）		
主原料	黃金千貫、薩摩優／鹿兒島、宮崎縣產		
麴菌	薯麴（黃）	蒸餾方式	常壓
儲藏方式	酒槽儲藏	儲藏期間	6～18個月

¥ 720ml：1,515日圓、1.8L：3,315日圓
酒廠直販／無　酒廠參觀／可

推薦酒款

能直接品嚐到原料的滋味
芋麴芋［いもこうじいも］

由於原料只有甘薯，因此能直接享受到原料的原味。加冰塊會讓味道緊繃銳利，加熱水則能感覺到甘薯的甘甜逐漸散開。

推薦飲法

¥ 720ml：1,105日圓、1.8L：2,162日圓

度數	26度	主原料	黃金千貫、薩摩優／鹿兒島、宮崎縣產				
麴菌	薯麴（白）	蒸餾方式	常壓	儲藏方式	酒槽儲藏	儲藏期間	6～18個月

● 創立年：1970年（明治45年）● 酒藏主人：第3代 笹山護 ● 杜氏：安田宣久 ● 從業員數：20人
● 地址：鹿児島県霧島市国分川原1750 ● TEL：0995-47-2361 FAX：0995-47-2095

【地理標示】基於世界貿易組織（WTO）的協議而限定產區，表示該地理上的原產地所製造出來的酒非常優良，目前有球磨、壱岐、薩摩和琉球。

口感輕盈，不習慣喝芋燒酎的人也會喜歡

黃麴藏

［きこうじぐら］
鹿兒島縣霧島市 國分酒造
http://www.kokubu-imo.com

這款燒酎完全沒有所謂的芋燒酎味，味道聞起來怎麼樣都像是清酒一般，給人一種華麗又輕盈的感覺。「平成7年第一次嘗試製造黃麴，那時深刻地體驗到黃麴和一般燒酎用的黑、白麴之間的差異。當時心想，如果把這個用在我們的酒上應該會變有趣的，因此特地請教專門生產日本酒用的製麴廠，一切從頭學起」酒藏主人說。為了突顯黃麴的特色，國分酒造在第一次釀造時雖然用的是白麴，但是第二次釀造時卻是加了大量的黃麴，在蒸餾時還混合使用常壓和減壓這兩種方式，企圖讓酒質更豐富，最後終於成功釀造出過去國分酒造的芋燒酎所沒有的豐富果香，喝的時候適合加冰塊或加水以體驗它的香氣。

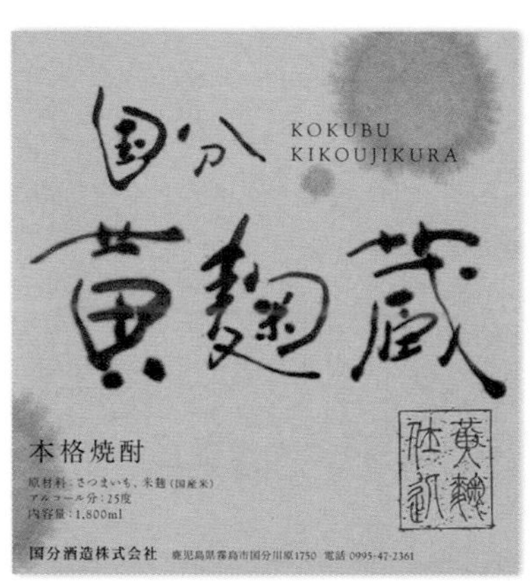

味道　◀淡雅　　濃郁▶

香氣　◀內斂　　華麗▶

推薦飲法

度數	25度		
主原料	黃金千貫、薩摩優／鹿兒島、宮崎縣產		
麴菌	米麴（黃、白）	蒸餾方式	常壓、減壓
儲藏方式	酒槽儲藏	儲藏期間	3～18個月

¥ 720ml：1,215日圓、1.8L：1,955日圓
酒廠直販／無　酒廠參觀／可

代表酒款

不譁眾取寵的正統芋燒酎

薩摩國分［さつまこくぶ］

抱著「希望做出國分地區的人會喜愛的燒酎」的想法而將酒名取為薩摩國分，這款經典燒酎可說是國分酒造的重要出發點。加熱水喝能感覺到舒服的甘甜在口中散開，令人相當心曠神怡。

推薦飲法

¥ 720ml：940日圓、1.8L：1,780日圓

度數	25度	主原料	黃金千貫、薩摩優／鹿兒島縣產				
麴菌	米麴（白）	蒸餾方式	常壓	儲藏方式	酒槽儲藏	儲藏期間	3～12個月

● 創立年：1970年（昭和45年）● 酒藏主人：第3代 笹山護 ● 杜氏：安田宣久 ● 從業員數：20人
● 地址：鹿児島県霧島市国分川原1750 ● TEL：0995-47-2361 FAX：0995-47-2095

住在曾於市大隅町的岩永庄八，他是國分酒造的契作農，他在一望無際的農地上種植著黃金千貫。這些甘薯苗盡情地享受南國的太陽，然後在鹿兒島的火山灰台地上紮根，最後長成一顆顆飽含澱粉的甘薯。

精益求精，持續進化，來自國分酒造的芋燒酎

新鮮的黃金千貫運來並洗乾淨後放在切台上，然後由6、7個人將甘薯頭還有損傷等會讓燒酎味道變苦的部分一個個切除。這些工作相當費時，但卻是製造出好喝的燒酎的重要工程。

笹山護社長不但成功地複製出大正時期的燒酎口味，他還與農家合作一起製造燒酎，即使與現代的做法背道而馳但還是堅持理念，因為這樣的作風與精神，所以受到許多燒酎迷的愛戴。「希望可以在自己能掌控且能力所及的範圍內做出好喝的燒酎」他說。

燒酎業者大多都是用泰國米來做成麴米，這種米比較硬，又不會太黏，非常適合用來製麴。不過國分酒造則拜託當地的農家，請他們改良適合用來製造燒酎的泰國米而培育出長秈米「夢十色」這種米，酒廠前的農田裡所種的即是「夢十色」。

味道滑順豐富，餘韻舒服暢快

黃麴釀造 傳

[きこうじじこみ でん]
鹿兒島縣市來串木野市 濱田酒造
http://www.hamadasyuzou.co.jp

濱田酒造的所在地由寬廣的東海與自然景觀豐富的山群所圍繞，感覺非常舒服宜人；他們用來製造燒酎的地方則擁有優質的水源，並盛產著可做為原料的甘薯。酒廠以「讓更多人能喝到好喝的燒酎」為目標，充分地發揮釀酒師的知識和技術，仔細地釀造出好酒。濱田酒造雖然善於使用最新的機械設備來製酒，不過「傳」這一款燒酎的製造卻是企圖回到創業最初的原點。他們使用從前製造燒酎最常見的黃麴，接著再用酒甕釀造和木桶蒸餾，至於熟成也是用酒甕來進行儲藏。用這種方法所做出來的酒，口感柔順且後味舒暢。為了配合這款燒酎本身的力道和飽滿感，喝的時候可以和熱炒、炸物等料理一起享用，搭配肉類料理也很不錯。

味道：◀淡雅 —— 濃郁▶
香氣：◀內斂 —— 華麗▶

推薦飲法

度數	25度		
主原料	黃金千貫／鹿兒島縣產		
麴菌	米麴（黃）	蒸餾方式	常壓
儲藏方式	酒甕儲藏	儲藏期間	6個月以上

¥ 720ml：1,429日圓、1.8L：3,000日圓
酒廠直販／有　酒廠參觀／可

推薦酒款

豐富的甘薯味，圓潤的滋味
宇吉 [うきち]

以第二代酒藏主人濱田宇吉的名字為名的酒款。製作方式和「傳」相同，不過由於用的是黑麴，因此酒質很像是古早的那種芋燒酎，加熱水會讓味道更加芳香甘甜。

推薦飲法

¥ 720ml：1,429日圓、1.8L：3,000日圓

度數	25度	主原料	黃金千貫／鹿兒島縣產				
麴菌	米麴（黑）	蒸餾方式	常壓	儲藏方式	酒甕儲藏	儲藏期間	6個月以上

● 創立年：1868年（明治元年）● 酒藏主人：第5代　濱田傳兵衛 ● 杜氏：石神豪紀 ● 從業員數：14人 ● 地址：鹿児島県市來串木野市湊町4-1 ● TEL：0996-36-3131　FAX：0996-36-3135

確立芋燒酎清新風格的先驅

富乃寶山［とみのほうざん］

鹿兒島縣日置市 西酒造
http://nishi-shuzo.co.jp

芋燒酎過去一直被認為它的迷人之處在於有股特殊的味道，而「富乃寶山」則打破了這樣的傳統思維。此外，它也是推廣用加冰塊或加水這種新飲法來喝芋燒酎的先驅，這不但改變了以往人們只加熱水喝的習慣，同時也帶動了燒酎熱潮。在製酒方面，西酒造採取「和農家共同攜手製造燒酎」的經營理念，除了經常與契作農溝通討論，其他像是每天早上會進行的甘薯篩選、或是為了讓原料在釀造時還能保持新鮮所做的相關處理等，每個環節都相當仔細並確實執行。這樣的做法在酒質上也能清楚地看到成果，因而讓這款酒散發出宛如草本般的迷人香氣，喝起來感覺純淨和諧，非常適合搭配白肉生魚片或是Carpaccio（生肉冷盤）等纖細的料理。

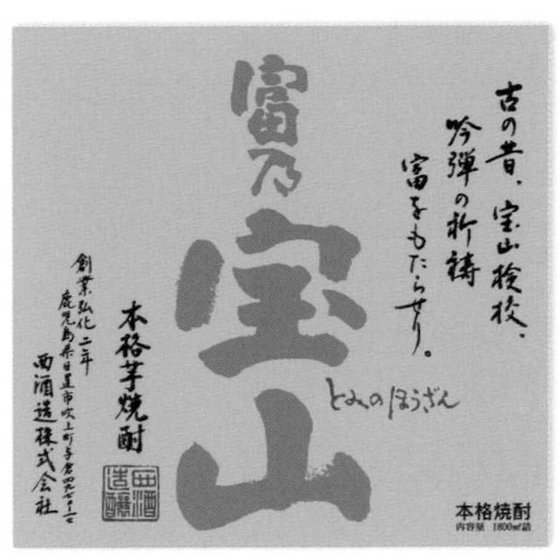

味道 ◀淡雅　濃郁▶

香氣 ◀內斂　華麗▶

推薦飲法

度數	25度		
主原料	黃金千貫／鹿兒島縣產		
麴菌	米麴（黃）	蒸餾方式	常壓
儲藏方式	酒槽儲藏	儲藏期間	3個月

¥ 720ml：1,429日圓、1.8L：2,819日圓
酒廠直販／無　酒廠參觀／不可

推薦酒款

可加熱水細細品嚐以享受美好的悠閒時光

吉兆寶山［きっちょうほうざん］

這款酒的特色與「富乃寶山」剛好呈現對比，不但酒體飽滿且香氣濃郁，加熱水後會散發出相當舒服的甜香，展現出芋燒酎精緻洗練的另一面。

推薦飲法

¥ 720ml：1,429日圓、1.8L：2,819日圓

度數	25度	主原料	黃金千貫／鹿兒島縣產				
麴菌	米麴（黑）	蒸餾方式	常壓	儲藏方式	酒甕儲藏	儲藏期間	3個月

● 創立年：1845年（弘化2年）● 酒藏主人：第8代　西陽一郎 ● 杜氏：西陽一郎 ● 從業員數：50人
● 地址：鹿児島県日置市吹上町与倉4970-17 ● TEL：099-296-4627　FAX：099-296-4260

【薩摩燒酎】和波爾多葡萄酒或是千邑白蘭地等相同，都是根據世界貿易組織（WTO）協議而獲得產區地理標示認可的燒酎，薩摩燒酎的目標是希望能讓薩摩的傳統文化繼續傳承下去。

甘藷（黑麴） 甘藷（白麴） 甘藷（黃麴） 甘藷（原酒・酒頭・無過濾） 麥 米 黑糖 泡盛（新酒） 泡盛（古酒） 其他

以將甘薯傳來日本的人物為酒名

前田利右衛門

［まえだりえもん］
鹿兒島縣指宿市 指宿酒造
http://www.riemon.com

指宿酒造在創業之初，為了讓他們的燒酎在指宿能受到喜愛，因此希望酒名能夠由當地人命名。在經過公開遴選之後，於是誕生了「前田利右衛門」這款酒。順道一提，「前田利右衛門」是江戶時代中期首次將甘薯從琉球帶進日本的人，他奠定了鹿兒島燒酎文化基礎而廣為人知，目前被供奉在指宿的德光神社。指宿酒造位於池田湖畔，四周有茂密的森林，酒廠用來釀造的水源是來自薩摩藩大谷金山遺跡所湧出的豐富地下水，至於原料則如酒廠所說的「甘薯一定要新鮮」，因此使用的是每天早上從指宿市內以及近郊的契作農所送來的甘薯。他們小心處理不耐高溫的黃麴，然後細心地釀造好酒。

味道 ◀淡雅 濃郁▶
香氣 ◀內斂 華麗▶

推薦飲法

度數	25度		
主原料	黃金千貫／鹿兒島縣產		
麴菌	米麴（黃）	蒸餾方式	常壓
儲藏方式	酒槽儲藏	儲藏期間	3個月

¥ 720ml：1,314日圓、1.8L：2,222日圓
酒廠直販／無　酒廠參觀／需預約

推薦酒款

特色在於口感滑順且香氣華麗
赤利右衛門［あかりえもん］

這款酒所用的紅薯也經常用來製作糕點，紅薯的特色在於能充分地感受到豐富又華麗的香氣，「這款酒很適合搭配炸地瓜或是東坡肉」酒藏主人說。

推薦飲法 

¥ 720ml：848日圓、1.8L：1,724日圓

度數	25度	主原料	紅薯、黃金千貫／鹿兒島縣產				
麴菌	米麴（黑、白）	蒸餾方式	常壓	儲藏方式	酒槽儲藏	儲藏期間	3個月

● 創立年：1987年（昭和62年）● 酒藏主人：第4代 南荒生 ● 杜氏：黑瀨和吉 ● 從業員數：20人
● 地址：鹿兒島県指宿市池田6173-1 ● TEL：0993-26-2277 FAX：0993-26-2278

喝法不同，風味也南轅北轍

酒甕釀造 鷲尾［かめつぼじこみ わしお］

鹿兒島縣指宿市 田村

原本用來製造清酒的黃麴並不適合在鹿兒島那樣氣候溫暖的地方生長，因此當黑麴出現之後便逐漸衰退。不過，隨著原料篩選管理的進步與製酒技術的提升，現在又開始有不少的酒廠會使用黃麴來造酒。田村無限公司以前主要也是用黑麴來製酒，不過抱持著「想要冒險看看」的想法而開始使用黃麴來製造芋燒酎，結果釀造出帶著清酒般的芳香、卻又能確實地嚐到甘薯味道的酒。在製酒方面，契作農每天早上都會送來新鮮的甘薯，經過篩選和處理之後，為了讓酒能更符合酒廠的個性，因此第一次和第二次的釀造都在酒甕中進行。「我們特別推薦一開始的時候先用常溫喝一口看看，接著再加入冰塊，保證你一定會對味道的變化感到驚訝。如果是加熱水喝，那麼濃一點會更好喝」酒藏主人說。

味道 ◀淡雅 —— 濃郁▶

香氣 ◀內斂 —— 華麗▶

推薦飲法

度數	25度		
主原料	黃金千貫／鹿兒島縣南薩摩、德光產		
麴菌	米麴（黃）	蒸餾方式	常壓
儲藏方式	酒槽儲藏	儲藏期間	約3個月

¥ 開放價格

酒廠直販／無　酒廠參觀／需事前預約

代表酒款 從以前就一直撫慰著當地人的晚酎酒

薩摩乃薰［さつまのかおり］

酒藏成立便一直留傳至今的酒款。第一次釀造是把米麴和酒母裝在酒甕裡發酵，第二次則是在酒槽裡和甘薯一起進行釀造。「最好加熱水喝，會聞到濃濃的甘薯味和土香」酒藏主人說。

推薦飲法　※直接喝的話可以稍微溫熱

¥ 開放價格

度數	25度	主原料	黃金千貫／鹿兒島縣南薩摩、德光產				
麴菌	米麴（白）	蒸餾方式	常壓	儲藏方式	酒槽儲藏	儲藏期間	3個月

● 創立年：1897年（明治30年）● 酒藏主人：第4代　桑鶴ミヨ子 ● 杜氏：新村洋一 ● 從業員數：12人
● 地址：鹿児島県指宿市山川町成川7351-2 ● TEL：0993-34-0057 FAX：0993-34-0057

【種麴】用來製造燒酎、清酒、味噌、醬油和味醂等的東西。為了提供麴菌以及讓孢子能附著在蒸熟的米上生長發育，因此在製麴時需要加入種麴。

以黑瀨杜氏純熟的技術所釀造出香氣濃郁的燒酎

KOIJAGA

［こいじゃが］
鹿兒島縣阿久根市 鹿兒島酒造

鹿兒島酒造的旁邊就是寬闊的東海，那裡有著輕輕拍打的海浪聲以及迎面吹來的海潮香，四周的景致相當優美。鹿兒島酒造是間傳承自黑瀨杜氏的造酒廠，釀酒師和全體員工上下一心為製酒共同努力打拼。所謂的「黑瀨杜氏」，指的是在笠沙町黑瀨地區這個又被稱為「釀酒師的故鄉」所培育出來的燒酎釀造師。這間酒廠的釀酒師曾在平成25年當選「當代名工」，並在2年後榮獲黃綬勳章，即使只作為技師也擁有非常高的評價。這款酒使用的是黃麴釀造，這種麴菌的溫度管理非常不易，因此需要有熟練技術才能掌控。KOIJAGA喝起來有著沉穩的甘薯甜味和吟釀般的豐富香氣，飲用時可以從加冰塊到加熱水，體驗各種不同風味的變化。如果是搭配料理，則以天婦羅最適合，由於能去油解膩，因此可讓食材本身的美味更加明顯。

味道 ◀淡雅 濃郁▶
香氣 ◀內斂 華麗▶

推薦飲法

度數	25度		
主原料	甘薯／鹿兒島縣南薩摩產		
麴菌	米麴（黃）	蒸餾方式	常壓
儲藏方式	酒槽儲藏	儲藏期間	1～2年

¥（本州價格）720ml：1,182日圓、1.8L：2,173日圓　酒廠直販／無　酒廠參觀／可

推薦酒款

加熱水會散發出烤番薯的香味
烤番薯 黑瀨［やきいもくろせ］

通常芋燒酎的原料都是用蒸的，但是「烤番薯 黑瀨」則如其名，使用的是烤番薯來做為原料。「製酒時，釀酒師總是揮汗如雨，不分晝夜地烤著番薯」酒藏主人說。

推薦飲法

¥（本州價格）720ml：1,364日圓、1.8L：2,345日圓

度數	25度	主原料	甘薯／鹿兒島縣南薩摩產				
麴菌	米麴（白）	蒸餾方式	常壓	儲藏方式	酒槽儲藏	儲藏期間	1～2年

● 創立年：1967年（昭和42年）● 酒藏主人：第2代　前田昭博 ● 杜氏：黑瀨安光 ● 從業員數：25人
● 地址：鹿児島県阿久根市栄町130 ● TEL：0996-72-0585　FAX：0996-72-0586

適合加冰塊然後小口小口地享受那華麗的香氣

萬膳庵 [まんぜんあん]

鹿兒島縣霧島市 萬膳酒造

萬膳酒造位在四周由自然景觀所圍繞的霧島山中，霧島擁有豐富的超軟水，而酒廠就是用這些優質水源來釀造燒酎。在製造燒酎時，他們第一次和第二次釀造都是在酒甕中進行，此外並使用木桶蒸餾器來進行蒸餾。在這當中，黃麴釀造的「萬膳庵」其特色在於有著迷人且持久的香氣和柔和的甘甜。「因為我們的酒廠位在海拔500公尺處，所以在使用黃麴的時候要特別注意溫度不能太低」酒藏主人說著他們的辛勞。不過，他也表示正因為使用黃麴並以木桶蒸餾器來進行蒸餾，所以才能釀造出別家所沒有的黏稠且圓潤的口感，「為了能享受這樣的滋味，建議可以加冰塊然後慢慢啜飲」他們說。搭配料理時，請務必試試奶油類的西式料理。

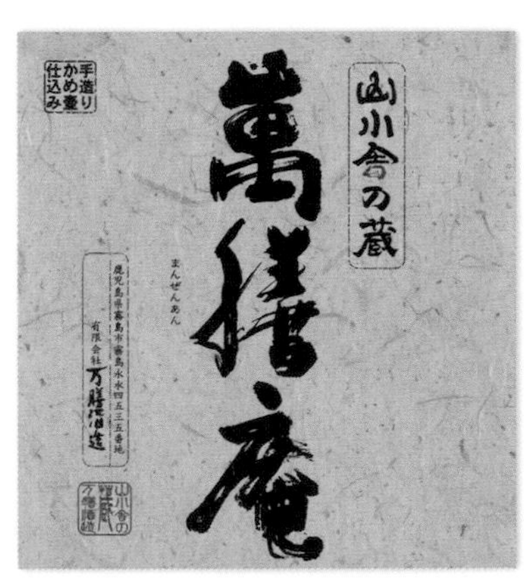

味道：◀淡雅 — 濃郁▶

香氣：◀內斂 — 華麗▶

推薦飲法

度數	25度		
主原料	黃金千貫／鹿兒島縣鹿屋產		
麴菌	米麴（黃）	蒸餾方式	常壓
儲藏方式	酒槽儲藏	儲藏期間	4～5個月

¥ 1.8L：2,900日圓

酒廠直販／無　酒廠參觀／不可

推薦酒款

入口即化的滋味在嘴裡擴散
真鶴 [まなづる]

酒款上市時正好是真鶴（白枕鶴）飛來鹿兒島出水平原之際，這是一年只推出一次的限定燒酎。真鶴有著滑順的口感，每一次喝都感覺非常圓潤。此外，它那沉穩的香氣也讓人難忘。

推薦飲法

¥ 1.8L：2,900日圓

度數	25度	主原料	黃金千貫／鹿兒島縣鹿屋產				
麴菌	米麴（白）	蒸餾方式	常壓	儲藏方式	酒槽儲藏	儲藏期間	約6個月

● 創立年：1922年（大正11年）● 酒藏主人：第4代　萬膳利弘 ● 杜氏：萬膳利弘 ● 從業員數：5人
● 地址：鹿児島県霧島市霧島永水宮迫字4535番外2 ● TEL：0995-57-2831　FAX：0995-57-2381

【黑麴】適合在溫暖地區用來造酒的麴菌，由於含有大量的檸檬酸因此不易腐敗。原本是用來製造泡盛，不過現在也很常用來製造燒酎。

徹底展現出黃麴個性

黃麴釀造「客人，要不要來杯燒酎？」

鹿兒島縣霧島市
霧島町蒸餾所
http://akarui-nouson.jp

這款芋燒酎的酒標和酒名還滿獨特的，讓人看了不禁莞爾一笑而忍不住想一嚐究竟。除了黃麴款，這個系列酒還有推出白麴和黑麴這兩款，「我們特別注重用不同酒麴所表現出來的獨特風味」酒藏主人說。這酒款使用優質的甘薯和霧島山群的豐富水源，至於釀造則是用創業之初所留傳下來的和式酒甕來進行。此外，由於黃麴幾乎不會產生檸檬酸來抵抗雜菌，因此在製造時需要格外小心；另外在溫度下降的寒冬則須特別注意溫度管理。這款黃麴燒酎的特色在於有著相當清爽的吟釀香，此外還洋溢著溫和的甘甜。由於爽快又舒暢的後味也很有魅力，因此非常適合搭配白肉生魚片、烤魚或是Acqua Pazza（義式水煮魚）等味道清淡的魚料理。

味道　◀淡雅　濃郁▶

香氣　◀內斂　華麗▶

推薦飲法

度數	25度		
主原料	安納薯／鹿兒島縣產		
麴菌	米麴（黃）	蒸餾方式	常壓
儲藏方式	酒槽儲藏	儲藏期間	1年以上

¥ 720ml：1,257日圓、1.8L：2,381日圓
酒廠直販／有　酒廠參觀／可

推薦酒款

柔順與銳利的口感兼備

白麴釀造「客人，要不要來杯燒酎？」

這款白麴釀造芋燒酎和黃麴款一樣都是這系列當中的人氣酒款，在輕快的口感和俐落的味道之後，緊接著是圓潤又柔和的甘薯甜味綿延不絕。

推薦飲法 

¥ 720ml：1,200日圓、1.8L：2,381日圓

度數	25度	主原料	BENIHARUKA／鹿兒島縣產				
麴菌	米麴（白）	蒸餾方式	常壓	儲藏方式	酒槽儲藏	儲藏期間	1年以上

● 創立年：1911年（明治44年）● 酒藏主人：第5代　古屋芳高 ● 杜氏：小湊一人 ● 從業員數：26人
● 地址：鹿児島県霧島市霧島田口564-1 ● TEL：0995-57-0865　FAX：0995-57-0865

在散發出海潮香的海邊所釀造出適合搭配魚料理的燒酎

薩摩黃若潮

［さつまきわかしお］
鹿兒島志布志市 若潮酒造
http://www.wakashio.com

若潮酒造離海非常近，讓人總是不經意地會想到「若潮」這個酒名。酒廠的所在位置旁是面向鹿兒島縣大隅半島志布志灣的夏井海岸，另一邊的白砂青松海岸則有著美麗的松樹林。若潮酒造原本是熊本國稅局管內最早成立的商業合作社，它是由志布志附近的5家酒廠所共同營運而成的。後來到了平成20年，酒廠將組職變更為一家有限公司並一直運作到今天。若潮酒造的製酒環境相當多變，有的工廠為了保持酒質的穩定而設有電腦操作等大型設備，但是有的則仍以手工的方式來進行釀造。至於「薩摩黃若潮」，由於釀造時容易造成腐敗，因此培養黃麴必須要在寒冷季節，因此可說是款在溫度管理上非常費工夫的酒。

味道 ◀淡雅 ― 濃郁▶

香氣 ◀內斂 ― 華麗▶

推薦飲法

度數	25度		
主原料	黃金千貫／鹿兒島縣大隅產		
麴菌	米麴（黃）	蒸餾方式	常壓
儲藏方式	酒槽儲藏	儲藏期間	1年以上

¥ 720ml：1,100日圓、1.8L：2,000日圓
酒廠直販／有　酒廠參觀／可

推薦酒款

能品嚐到逐漸擴散開來的美味
薩摩黑若潮［さつまくろわかしお］

希望「能讓客人喝到酒質永遠穩定的燒酎」，因此特地使用自動製麴機來製酒。加熱水後，能感覺到香醇美味逐漸擴散開來。

推薦飲法

¥ 720ml：953日圓、1.8L：1,752日圓

度數	25度	主原料	黃金千貫／鹿兒島縣大隅產				
麴菌	米麴（黑）	蒸餾方式	常壓	儲藏方式	酒槽儲藏	儲藏期間	1年以上

● 創立年：1968年（昭和43年）● 酒藏主人：稲村俊彥 ● 杜氏：東條真德 ● 従業員數：39人 ● 地址：鹿児島県志布志市志布志町安楽215 ● TEL：099-472-1185 FAX：099-472-3800

【白麴】從黑麴所分離出來的麴菌，因為孢子變種成白色，所以被稱做白麴；白麴的特色在於它的感覺比黑麴輕盈且更容易散發出香氣。

喝的時候會讓人想起美麗的大海

海 [うみ]

鹿兒島縣鹿屋市 大海酒造
http://www.taikai.or.jp

大隅半島是生產優質甘薯的地方，而大海酒造就位在半島的中央。自創業以來，酒廠便一直以「熱愛海洋」為標語而推出以海為主題的燒酎和相關商品，而「海」便是將這樣的概念直接表現出來的酒款。光是看到它的酒標，便彷彿看到了閃閃發亮的海岸浮現於眼前，讓人感到無比清涼。其實這款酒的味道也正如這樣的感覺，喝起來非常輕盈，就像是在徜徉在海裡那樣一下子就溜進了喉裡，不喜歡芋燒酎味道的人也會愛上它。「使用香氣華麗的黃麴和紅乙女，並採低溫慢慢發酵和減壓蒸餾，因而讓味道非常舒服」釀酒師說。為了能享受那入口滑順的滋味，建議可以加冰塊或是加水喝，或是冰過之後用葡萄酒杯直接飲用也很棒。

味道 ◀淡雅 —— 濃郁▶

香氣 ◀內斂 —— 華麗▶

推薦飲法

度數	25度		
主原料	紅乙女／鹿兒島縣鹿屋產		
麴菌	米麴（黃）	蒸餾方式	減壓
儲藏方式	酒槽儲藏	儲藏期間	3～8個月

¥ 720ml：1,300日圓、1.8L：2,362日圓
酒廠直販／無　酒廠參觀／可

推薦酒款

想要好好放鬆享用的酒
鯨 [くじら]

使用來自垂水地區的「壽鶴」溫泉水，釀造出柔和滑順的口感，彷彿被輕輕地包起來一樣。這款燒酎給人的感覺彷彿是在寬廣的海洋中悠然生活的鯨魚，讓人想好好放鬆地小酌一番。

推薦飲法

¥ 720ml：1,195日圓、1.8L：2,038日圓

度數	25度	主原料	黃金千貫／鹿兒島縣鹿屋產				
麴菌	米麴（白）	蒸餾方式	常壓	儲藏方式	酒槽儲藏	儲藏期間	3～8個月

● 創立年：1975年（昭和50年）● 酒藏主人：第2代　河野直正 ● 杜氏：大牟禮良行 ● 從業員數：31人 ● 地址：鹿児島県鹿屋市白崎町21-1 ● TEL：0994-44-2190　FAX：0994-40-0950

傳達出先代的想法，味道深沉的春季限定芋燒酎

八千代傳 黃色山茶花

［やちよでん きいろいつばき］
鹿兒島縣垂水市 八千代傳酒造
http://yachiyoden.jp

這款燒酎的酒名來自前代酒藏主人所寫下的短歌集。雖然曾在中國大陸參與作戰，不過他其實是個強烈的和平主義者；對他而言，黃色山茶花象徵著和平，同時也代表著對人的溫柔。每當這黃色山茶花於春天盛開的時候，也正是這款祈求和平、一年才推出一次的限定商品所上市之時。「希望這款燒酎能傳達出前代酒藏主人和釀酒師的想法」酒藏主人說。這是款細心地培育出黃麴，一次和二次釀造都在酒甕中進行，可說是使出渾身解數才得以完成的傑作。黃色山茶花有著濃郁的甘甜與黃麴才有的嬌柔香氣，清爽的後味如沐春風而充滿特色，雖然味道的個性並不強烈，但是在夜深人靜時細細品嚐便能逐漸體會出味道的複雜與變化。此外，還能感覺到餘韻殘有淡淡的甘薯甜味。

味道 ◀淡雅　濃郁▶

香氣 ◀內斂　華麗▶

推薦飲法

度數	25度		
主原料	安納薯／鹿兒島縣種子島產		
麴菌	米麴（黃）	蒸餾方式	常壓
儲藏方式	酒槽儲藏	儲藏期間	1年半

¥ 1.8L：2,800日圓　酒廠直販／有（需預約，數量有限）　酒廠參觀／可（需預約）

推薦酒款

味道輕盈，讓人想一喝再喝

千飛［せんがとぶ］

希望釀造出給人感覺就像在天空中自由翱翔的麥燒酎，入口後能立刻感覺到麥香和柔和的甘甜，喝起來非常滑順，用各種溫度飲用都適合。

推薦飲法

¥ 720ml：1,096日圓、1.8L：2,191日圓

度數	25度	主原料	麥／日本國產				
麴菌	米麴（黃、白、黑）	蒸餾方式	常壓、減壓	儲藏方式	酒槽儲藏	儲藏期間	約3年

● 創立年：1928年（昭和3年）● 酒藏主人：第3代　八木榮壽 ● 杜氏：八木大次郎 ● 從業員數：15人 ● 地址：鹿児島県垂水市新御堂鍋ヶ久保1332-5 猿ヶ城渓谷蒸留所 ● TEL：0994-32-8282 FAX：0994-32-8283

【黃麴】主要用來製造清酒。過去也曾經是燒酎的主流，但由於容易腐敗，因此黑麴出現之後曾一度衰退。不過隨著造酒技術的提升，現在有越來越多的酒廠又開始重新使用黃麴來製酒。

青島位於伊豆諸島最南端，它往北距離東京為358km，周長9km，面積約5.23km^2。青島是座火山島，它擁有世界上少見的雙重式破火山口。照片提供／青島酒造

燒酎專欄　青島上的「青酎」

日本人口最少的島——青島。
平成27年9月1日，島上的人口為169人。此外，住在島上的居民的住址同樣都是「東京都青ヶ島村無番地」，也就是說在這島上並沒有地號。

青酎的歷史可追溯到江戶時代。在江戶時代，伊豆諸島是有名的罪犯流放地。江戶末期（1853），有一位名叫丹宗庄右衛門的鹿兒島商人被流放到八丈島服刑15年。在那時，他開始教島上的居民如何製造燒酎，因而使得伊豆諸島後來成為了燒酎的知名產地。相較於鹿兒島或是宮崎的芋燒酎使用的是米麴，以青島為首的伊豆諸島其燒酎的最大特色則是使用麥麴來釀造。

之後，青島雖然在明治時代已有在製造燒酎，不過當時並非是為了賣給島外的人，而是島民自己要喝才釀造的。到了昭和59（1984）年，島上的生產者（杜氏＝釀酒師）一起合作成立了青島酒造合資會社，直到現在仍有9名釀酒師依照自己的方式釀造著青酎。也就說，雖然燒酎的名字都叫青酎，不過每個釀酒師所釀造出來的味道皆都不相同。

銅製單式蒸餾器。此蒸餾器釀造出青酎獨特的風味與口感。

要到青島只能從距離67km遠的八丈島搭直升機或搭船前往。

青酎 池澤[あおちゅう いけのさわ]

使用來自青島、八丈島、茨城縣所產的紅東甘薯，以二次釀造的製法來做出酒醪，接著再用銅製蒸餾器並以常壓的方式來蒸餾出酒液，最後再經過4年的熟成才得以出貨上市。雖然這是款芋燒酎，不過卻有著麥麴（白）的香氣，味道豪邁奔放，可說是個性相當強烈的一款燒酎。喝起來有著濃郁的薯香和悠遠的餘韻，相當適合加冰塊或是加熱水飲用。飲用時搭配起司、生火腿、酒盜（用魚的內臟醃漬而成的下酒菜），或是伊豆諸島特產臭魚乾（くさや）等都是非常不錯的選擇。

釀酒師／荒井 清
主原料：紅東甘薯酒
精度數：35度
¥ 720ml：2,800日圓、
1.8L：5,600日圓

青酎 麥[あおちゅう むぎ]

以岡山縣產的大麥為原料，並透過常壓蒸餾的方式所釀造而成的「青酎 麥」是一款麥燒酎。它有著由青島的風土所孕育而成的香醇，口感圓潤且香氣迷人。這一款也是用麥麴（白）釀造並以常壓的方式蒸餾，將酒精濃度稀釋成25度後，接著再經過3年熟成後才出貨上市。即使加了水還是能感覺後味相當俐落暢快。此酒款適合加冰塊或是加熱水飲用，同樣也適合和生火腿、起司、酒盜、KUSAYA等發酵食品一起享用。

釀酒師／荒井 清　主原料：大麥
酒精度數：25度
¥ 720ml：1,450日圓、1.8L：2,500日圓

後排從左邊數來第二位即是荒井清先生，他是青島酒造的代表，同時也位釀酒師。

香氣和味道的均衡度極佳，感覺相當濃郁

珍多羅 ［ちんたら］

鹿兒島縣市來串木野市 白石酒造

白石酒造所用的原料不只是向契作農家訂購，他們本身亦有在從事農作，並以不使用化學肥料和農藥的方式來種植出所需要的原料，會這樣做正是因為酒藏主人希望「能夠釀造出只有這裡才能孕育出來的味道」。「珍多羅」是一款最能夠直接品嚐到原料本身味道的燒酎，它在蒸餾的時候，只擷取最初流出的酒頭到中間酒心的部分，酒精濃度則調整到幾乎是燒酎所規定的45度上限。「沸點低的時候能夠讓酒散發著華麗的香氣，沸點如果提高則味道會更好，因此必須同時考慮香氣和味道的平衡，然後在最適當的時候停止蒸餾」酒藏主人說。不管如何，喝這款酒的時候，請先直接飲用以體會看看那濃郁的甘薯香氣。

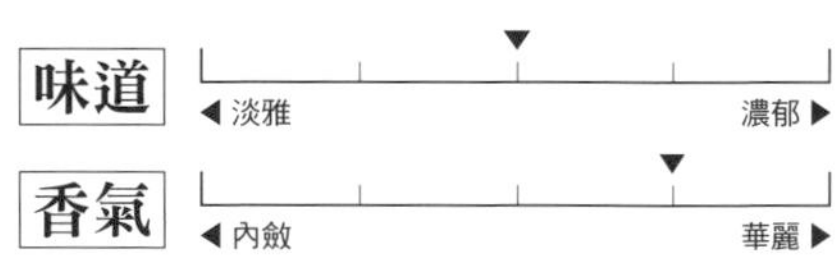

推薦飲法 ※加水後冷藏

度數	44度		
主原料	黃金千貫／鹿兒島縣市來串木野市、種子島產		
麴菌	米麴（白）	蒸餾方式	常壓
儲藏方式	酒槽儲藏	儲藏期間	3年

¥ 300ml：1,926日圓

酒廠直販／無　酒廠參觀／需預約

推薦酒款

新鮮強烈的滋味，彷彿是直接從酒槽裡舀起來喝一樣

白石原酒［しらいしげんしゅ］

芋燒酎會有的那種強而有力的味道是這款酒的特色，「飲用時，會感覺到好像是從酒槽直接舀起來喝一樣」酒藏主人說。直接飲用之後，接著可以加冰塊好好享受那迷人的香氣。

推薦飲法 

¥ 500ml：1,963日圓

度數	37度	主原料	黃金千貫／鹿兒島縣市來串木野市、種子島產				
麴菌	米麴（黑）	蒸餾方式	常壓	儲藏方式	酒槽儲藏	儲藏期間	2年

● 創立年：1894年（明治27年）● 酒藏主人：第5代　白石貴史 ● 杜氏：白石貴史 ● 從業員數：7人
● 地址：鹿児島県いちき串木野市湊町1-342 ● TEL：0996-36-2058　FAX：0996-36-2194

吸引眾人目光的創新設計，讓人印象十分深刻

刀44°［かたな44°］

鹿兒島縣南九州市 佐多宗二商店
http://www.satasouji-shouten.co.jp

首先，這款酒的瓶身和酒標的設計真的是非常特別。「因為外型特殊，所以在裝瓶和貼酒標的時候很辛苦」酒藏主人笑著說。如此別人模仿不來的嶄新設計，讓人在視覺上留下強烈的印象而不自覺地想要擁有它。此外，基於「想要向全世界介紹日本所自豪的蒸餾酒」的想法，佐多宗二商店自平成14年起也開始在全日空（ANA）的國際線販售他們的酒，積極拓展海外市場的舉動同時也受到了不少的矚目。在原料的處理上，「刀44°」和其他酒款一樣都下了不少工夫，不過它只取甘薯中心的部分來釀造，製造的方式可說是極為奢侈。這款燒酎在每次飲用時，總是能感覺到優雅的香氣和豐富的甘薯甜味充滿在整個口腔之中。喝之前可以先放在冷凍庫裡冰一下，以好好地享受那分柔順舒服的口感。

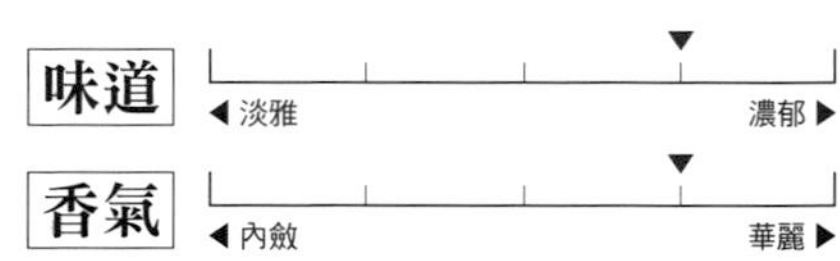

推薦飲法 ※直接飲用前可先冰凍過

度數	44度		
主原料	紅甘薯／鹿兒島縣產		
麴菌	米麴（白）	蒸餾方式	常壓
儲藏方式	酒槽儲藏	儲藏期間	3個月以上

¥ 500ml：2,953日圓
酒廠直販／無　酒廠參觀／需預約

推薦酒款

用不同蒸餾器所調配出的絕妙好酒

LXX70［LXX70］

將2種用不同蒸餾器所蒸餾出來的酒混合，調和的比例70%是來自於威士忌或白蘭地所使用的間接加熱型蒸餾器，30%則是來自使用直接加熱型蒸餾器所蒸餾出來的酒（不二才）。

推薦飲法 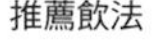  ※加水後冷藏

¥ 720ml：1,900日圓、1.8L：3,426日圓

度數	25度	主原料	黃金千貫／鹿兒島縣南薩摩產				
麴菌	米麴（白）	蒸餾方式	常壓	儲藏方式	酒槽儲藏	儲藏期間	3個月以上

● 創立年：1908年（明治41年）● 酒藏主人：第4代　佐多宗公 ● 杜氏：黑瀨矢喜吉 ● 從業員數：22人 ● 地址：鹿児島県南九州市頴娃町別府4910 ● TEL：0993-38-1121　FAX：0993-38-0098

在一天過完之後，讓人活力充沛的100%六代目百合

原酒隨風吹拂

［げんしゅ かぜにふかれて］
鹿兒島縣薩摩川內市 鹽田酒造

薩摩半島的串木野新港搭渡輪到鹽田酒造需要1小時又10分。浮在東海上的甑島，里港是它的玄關口，而酒廠距離里港相當近。鹽田酒造的歷史始於江戶時期的天保年間（1830～1844年），目前守護酒藏的是第6代酒藏主人，他刻意秉持「一間酒藏只造一種酒」的信念，「我們以家族之力細心釀造，味道絕對不輸其他任何地方的燒酎。請好好盡情地品嚐由這裡的風土人情所孕育出來的六代目百合。我們保證絕不釀造其他非六代目百合的平淡燒酎」他說。「原酒 隨風吹拂」在蒸餾之後直接以原本的酒精濃度裝瓶上市，它是六代目百合的原酒。此酒款1年只接單生產1次，並只在各特約商店依店家所訂購的數量販售。

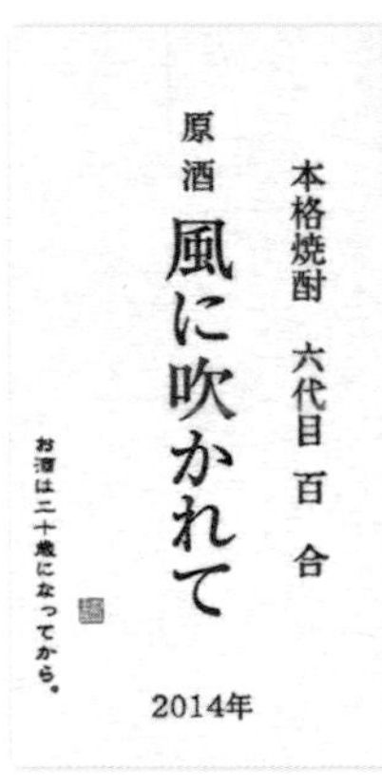

味道 ◀淡雅 —— 濃郁▶

香氣 ◀內斂 —— 華麗▶

推薦飲法 ※各種飲法都適合

度數	40～42度		
主原料	黃金千貫、白薩摩／鹿兒島縣產		
麴菌	米麴（黑）	蒸餾方式	常壓
儲藏方式	酒槽儲藏	儲藏期間	數日

¥ 720ml：3,426日圓
酒廠直販／無　酒廠參觀／不可

代表酒款

充滿「不釀造平淡燒酎」的氣概
六代目百合25°［ろくだいめゆり25°］

遵循古法，釀造出真正的芋燒酎。由於沒有過濾而保留了甘薯的鮮美，因此能確實地感受到濃郁與美味。飲用時，可以先直接大口喝喝看。

推薦飲法 ※各種飲法都適合

¥ 1.8L：2,314日圓

度數	25度	主原料	黃金千貫、白薩摩／鹿兒島縣產				
麴菌	米麴（黑）	蒸餾方式	常壓	儲藏方式	酒槽儲藏	儲藏期間	3～12個月

● 創立年：江戶時代天保年間 ● 酒藏主人：第6代 鹽田將史 ● 杜氏：鹽田將史 ● 從業員數：4人
● 地址：鹿児島県薩摩川內市里町里1604 ● TEL：0996-93-2006 FAX：0996-93-2088

就像是剛蒸餾好般的純粹芋燒酎，加冰塊最好喝

藏 純粹 ［くらじゅんすい］

鹿兒島縣阿久根市 大石酒造

「藏 純粹」那清晰強烈的香氣使人印象深刻，它的味道彷彿就像是將剛蒸餾好的酒從酒槽裡直接舀起飲用一樣。由於蒸餾後沒有經過加水稀釋、酒精濃度的調整和過濾作業，因此能完全品嚐到芋燒酎的純粹滋味。在酒精濃度方面，雖然是以40度為基準來進行蒸餾，但是根據實際狀況多少會有些差異，所以瓶上所標示酒精濃度都不盡相同，就像是一個個用手寫上去一樣。「為了儘可能讓酒精濃度維持在40度，可說是費盡千辛萬苦」酒藏主人說。不過，由於能享受每一瓶酒所帶來的細微差異，這對酒迷們倒是件值得高興的事。這款酒的感覺雖然相當厚重，但是令人驚訝的是喝起來的口感卻很圓潤溫和，有著舒服的甘薯味，入口後能慢慢地感受到箇中的美妙。「加冰塊喝能喝出酒的性格」，酒藏主人如此推薦。

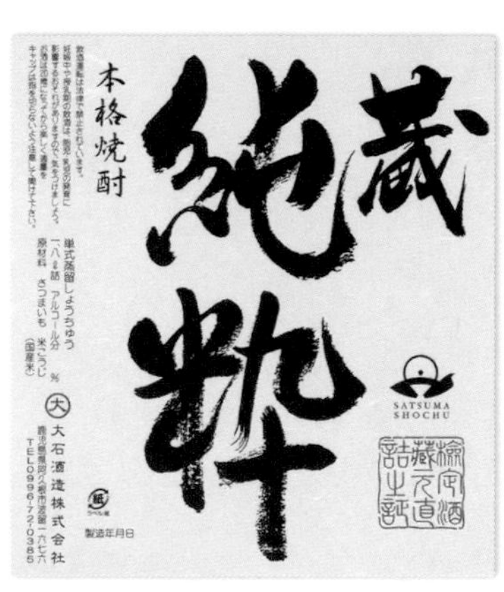

味道 ◀淡雅 ―――― 濃郁▶

香氣 ◀內斂 ―――― 華麗▶

推薦飲法

度數	40度（會有變動）		
主原料	白豐／鹿兒島縣阿久根產		
麴菌	米麴（黑）	蒸餾方式	常壓
儲藏方式	酒槽儲藏	儲藏期間	3～12個月

¥ 720ml：1,782日圓、1.8L：3,030日圓
酒廠直販／無　酒廠參觀／可（10名以下）

推薦酒款

濃縮的鮮美與沉穩的薯香
NUBATAMA［ぬばたま］

在短歌當中，「ぬばたま」的後面如果加了「の」則成為與黑色意思相關的枕詞，因此又常借指成黑夜所帶來的漆黑。這款酒的味道感覺相當神秘，因而以此為名。不過喝的時候其實不用想這麼多，細細品嚐即可。

推薦飲法  ※加溫水

¥ 1.8L：2,667日圓

度數	25度	主原料	未公開／鹿兒島縣大隅半島產		
麴菌	米麴（未公開）	蒸餾方式	常壓	儲藏方式	酒槽儲藏	儲藏期間	未公開

● 創立年：1899年（明治32年）● 酒藏主人：第5代　大石啟元 ● 杜氏：北川喜繼 ● 從業員數：8人
● 地址：鹿兒島県阿久根市波留1676 ● TEL：0996-72-0385　FAX：0996-72-0386

【河內源一郎】被稱為〝近代燒酎之父〞，因為發現「河內菌」而讓燒酎的酒質明顯提升，可說是功不可沒，目前日本的燒酎有8成都是使用河內菌。

徹底讓味道彷彿是剛蒸餾出來般的無過濾酒

無過濾 濁芋

［むろか にごりいも］
鹿兒島縣阿久根市 鹿兒島酒造

以「希望能直接喝到過去那種味道的燒酎」的概念所製造出來的酒。剛釀造好的原酒在天氣變冷之前會先經過數個月的儲藏，在這期間，酒廠每天早晨與傍晚都會仔細地將米糠和甘薯油等雜質撈起，之後再以約負5℃左右的溫度進行冷卻，接著再讓它繼續熟成，因而能讓燒酎的香氣與味道就像是剛釀造好的時候一樣。由於是濁酒，所以在酒裡面偶爾會有些微量的懸浮物質，不過酒藏主人說：「這個叫做薯花，是甘薯美味的成分」。此酒款有著新鮮的香氣和甘薯深沉濃郁的甘甜，均衡感相當好，從加冰塊到加熱水各種喝法都能喝出美味。搭配料理時，像是烤魚或燉魚等能活用食材本身味道的魚料理會相當適合。

味道　◀淡雅　濃郁▶

香氣　◀內斂　華麗▶

推薦飲法

度數	25度		
主原料	甘薯／鹿兒島縣南薩摩產		
麴菌	米麴（白）	蒸餾方式	常壓
儲藏方式	酒槽儲藏	儲藏期間	1～2年

¥（本州價格）720ml：1,218日圓、1.8L：2,105日圓　酒廠直販／無　酒廠參觀／可

推薦酒款

豐富的甘甜，請務必加冰塊飲用

阿久根［あくね］

這酒款所用的「S型麴」能萃取出強而有力的甘甜，但是它對於氣溫的變化卻相當敏感脆弱。不過幸好有黑瀨杜氏的製酒技術，因而讓這款酒能順利釀造完成。

推薦飲法 

¥720ml：1,173日圓、1.8L：2,064日圓

度數	25度	主原料	甘薯／鹿兒島縣南薩摩產				
麴菌	米麴（白麴S型）	蒸餾方式	常壓	儲藏方式	酒槽儲藏	儲藏期間	1～2年

● 創立年：1967年（昭和42年）● 酒藏主人：第2代　前田昭博 ● 杜氏：黑瀨安光 ● 從業員數：25人
● 地址：鹿児島県阿久根市栄町130 ● TEL：0996-72-0585　FAX：0996-72-0586

1,500公斤的紅薯只能釀出一點點的稀酒

紅薯酒頭 明亮農村

[あかいもハツダレ あかるいのうそん]
鹿兒島縣霧島市 霧島町蒸餾所
http://akarui-nouson.jp

燒酎在蒸餾的過程中，依序所流出來的酒液可分為「酒頭」、「酒心」以及「酒尾」。霧島町蒸餾所耗費80天左右細心連續提取最初流出來的酒頭，接著再用酒甕慢慢熟成，最後才得以完成這款相當奢侈的燒酎。在原料方面，這款酒用的品種是穎娃紫，「和其他甘薯相比，用這種紅薯做出來的酒醪溫度會比較容易下降，為了能順利發酵，因此在溫度的管理上要非常細心」酒藏主人說。紅薯特有的荔枝果香和圓潤的甘甜混合，滑順的餘韻則讓味道更有層次。這款酒濃縮了燒酎的美味，放進冷凍庫裡冰鎮後直接飲用會非常好喝，而味道隨著溫度的逐漸上升也會跟著變化，這也是享受這款燒酎的樂趣之一。

推薦飲法 ※冰鎮後直接飲用

度數	44度		
主原料	穎娃紫／鹿兒島縣產		
麴菌	米麴（黑）	蒸餾方式	常壓
儲藏方式	酒甕儲藏	儲藏期間	1年以上

¥ 300ml：2,381日圓
酒廠直販／有　酒廠參觀／可

推薦酒款

濃郁香醇之後是俐落暢快的後味

黃金酒頭 明亮農村 [おうごんハツダレ あかるいのうそん]

此酒款的概念是「好的燒酎來自好的土地，好的土地在明亮的農村」。這款酒所擷取的酒液是蒸餾時最初流出來的部分，和紅薯款相比味道優雅而餘韻流暢，非常適合當餐後酒飲用。

推薦飲法  ※冰鎮後直接飲用

¥ 300ml：2,381日圓

度數	44度	主原料	黃金千貫／鹿兒島縣產				
麴菌	米麴（黑）	蒸餾方式	常壓	儲藏方式	酒甕儲藏	儲藏期間	1年以上

● 創立年：1911年（明治44年）● 酒藏主人：第5代　古屋芳高 ● 杜氏：小湊一人 ● 從業員數：26人
● 地址：鹿児島県霧島市霧島田口564-1 ● TEL：0995-57-0865　FAX：0995-57-0865

【製麴】即製造麴菌。製麴的方式有很多種，有的使用自動製麴機，也有用從前那種傳統的小箱子來製麴的蓋麴法，或是更大型的箱麴法等。

突如其來的新鮮感在口中跳躍

新原酒「黑麴荒酒」［くろこうじあらあらざけ］

鹿兒島縣霧島市 佐藤酒造
http://www.satohshuzo.co.jp

新原酒「黑麴荒酒」是佐藤酒造一年只釀造一次的特別酒款，雖然製法不變，但是每一年釀造出來的味道都不一樣，因此每年要推出時，總是讓酒迷們引領期盼。酒廠在甘薯的原料處理上非常用心，由於蒸餾完便立刻裝瓶，因此酒藏主人說「這是一場與時間賽跑的製酒過程」。因為完全沒有經過儲藏，所以一開瓶的時候會有一股非常濃嗆的蒸餾瓦斯味撲鼻而來，不過入口後卻又會隨即轉化成一種幸福的滋味。這款酒有著新酒才有的新鮮清涼感，緊接著還會出現濃郁的甘甜和美味在口中綻放且久久不散。喝的時候，首先可以先直接飲用，接著再加熱水喝。如果搭配下酒菜，那麼如酒藏主人所說的：「和燒酎素材相似的炸地瓜會非常適合」。

味道 ◀淡雅 — 濃郁▶

香氣 ◀內斂 — 華麗▶

推薦飲法

度數	38度		
主原料	黃金千貫／鹿兒島縣南薩摩產		
麴菌	米麴（黑）	蒸餾方式	常壓
儲藏方式	無	儲藏期間	蒸餾後立即裝瓶

¥ 720ml：3,664日圓（關東價格）
酒廠直販／無　酒廠參觀／不可

推薦酒款

能實際體驗到新酒的粗曠力道

新原酒「白麴荒酒」［しろこうじあらあらざけ］

使用和普通的佐藤白相同的酒醪所蒸餾而成，接著和黑麴款一樣都是直接將原酒裝瓶上市。酒如其名，這款燒酎能感覺到新酒所帶來的粗曠力道，飲用時適合加熱水喝。

推薦飲法 

¥ 720ml：3,664日圓（關東價格）

度數	38度	主原料	黃金千貫／鹿兒島縣全縣產				
麴菌	米麴（白）	蒸餾方式	常壓	儲藏方式	無	儲藏期間	蒸餾後立即裝瓶

● 創立年：1906年（明治39年）● 酒藏主人：第4代 佐藤誠 ● 杜氏：佐藤誠 ● 從業員數：26人 ● 地址：鹿兒島県霧島市牧園町宿窪田2063 ● TEL：0995-76-0018 FAX：0995-76-1249

美麗的瓶身，讓人不禁想多看一眼

來自大海的禮物2014

［うみからのおくりもの2014］
鹿兒島縣鹿屋市 大海酒造
http://www.taikai.or.jp

「來自大海的禮物」是一年只發表一次的人氣限量酒，它是由釀酒師所特製而成，每年販售的味道都不相同。在原料方面，酒廠所用的是香氣迷人的紅乙女薯，米麴則是來自秋田縣的清酒「天戶」所使用的酒米，另外他們還請「樋口松之助商店」特別開發大海酒造專屬的原創麴菌來進行釀造。「因為這種麴菌產生酸以抑制雜菌的能力較弱，所以酒廠內一定要特別注意保持清潔。當時為了要釀造出像清酒的酒米那樣清爽舒暢的口感，經過了多次失敗最後才終於完成」釀酒師說。此外，由於這款酒是採低溫發酵並以減壓的方式蒸餾，因此感覺相當淡雅且富含果香。飲用時適合加冰塊或是加水喝，若是加冰塊能讓吟釀香的特色更加清楚迷人，搭配料理則以味道濃厚的肉或魚料理最佳。

味道　◀淡雅　濃郁▶

香氣　◀內斂　華麗▶

推薦飲法

度數	25度		
主原料	紅乙女／鹿兒島縣鹿屋產		
麴菌	米麴（黃）	蒸餾方式	減壓
儲藏方式	酒槽儲藏	儲藏期間	8個月

¥ 720ml：2,500日圓、1.8L：5,000日圓
酒廠直販／有　酒廠參觀／可

推薦酒款

活潑迷人的味道，喝了讓人感到快活
大海蒼蒼［たいかいそうそう］

清新迷人的香氣與果實成熟般的甘甜，讓人感到非常舒服自然。「使用特殊的白麴，並將酒醪採低溫發酵」釀酒師說。用葡萄酒杯喝，能讓人情緒高漲。

推薦飲法

¥ 720ml：1,143日圓、1.8L：2,095日圓

度數	25度	主原料	紅乙女／鹿兒島縣鹿屋產				
麴菌	米麴（特殊白）	蒸餾方式	常壓	儲藏方式	酒槽儲藏	儲藏期間	3～8個月

● 創立年：1975年（昭和50年）● 酒藏主人：第2代　河野直正 ● 杜氏：大牟禮良行 ● 從業員數：31人 ● 地址：鹿児島県鹿屋市白崎町21-1 ● TEL：0994-44-2190　FAX：0994-40-0950

【滾筒式製麴機】能將洗淨、蒸煮、撒種麴菌以及製麴一次搞定的機器，許多的燒酎廠都有在使用。

將甘薯烤過，讓甜味徹底升級

炭烤安納薯原酒

［すみびやきあんのういもげんしゅ］
鹿兒島縣西之表市 種子島酒造
http://www.tanegasima.co.jp

甲女川流經種子島西之表市中心，而酒廠就位在甲女川上游那綠意盎然的山中。種子島酒造所受惠的不只是豐富的大自然，這裡還有非常清澈的水源，他們用來釀酒的水即是來自「岳之田湧水」這天然的深層地下水。在甘薯原料方面，拜這裡的大自然所賜，酒廠在西之表市和種子町有著一大片約45頃左右的自家農園，因此使用的甘薯便是特地從這裡所培育出來的，可說是對素材非常講究。「炭烤安納薯原酒」使用自家栽種的安納薯，用炭火慢慢烤出甘甜，並在蒸餾後直接將這滋味裝入酒瓶裡。喝的時候能感覺到香噴噴又暖呼呼的甘薯美味，就像是在吃剛烤好的地瓜那樣。加冰塊能讓味道緊繃，加熱水則可以讓味道更豐富。

味道 ◀淡雅　濃郁▶

香氣 ◀內斂　華麗▶

推薦飲法

度數	37度		
主原料	安納薯／自家農園、鹿兒島縣種子島產		
麴菌	米麴（黑）	蒸餾方式	常壓
儲藏方式	酒槽儲藏	儲藏期間	1年以上

¥ 720ml：2,858日圓、1.8L：5,000日圓
酒廠直販／有　酒廠參觀／可

代表酒款

混合了古酒與新酒，均衡和諧的好味道

儲藏熟成 久耀［ちょぞうじゅくせい くよう］

此酒混合了經過長期熟成的古酒和該年度的新酒，喝起來既能感覺到熟成後才有的圓潤，同時又帶點新酒特有的清新。

推薦飲法

¥ 720ml：1,330日圓、1.8L：2,330日圓

度數	25度	主原料	白豐／自家農園、鹿兒島縣種子島產				
麴菌	米麴（白）	蒸餾方式	常壓	儲藏方式	酒槽儲藏	儲藏期間	古酒（5年以上）、新酒（6個月）

● 創立年：1902年（明治35年）● 酒藏主人：第4代　曾木英子 ● 廠長：山下重則 ● 從業員數：31人
● 地址：鹿児島県西之表市西之表13589-3 ● TEL：0997-22-0265　FAX：0997-22-0015

突然爆發的強烈香氣撲鼻而來

炸彈初垂

［ばくだんハナタレ］
宮崎縣兒湯郡 黑木本店
http://www.kurokihonten.co.jp

蒸餾時最先流出的酒液又稱為「初垂」，由於能直接感覺到味道的強烈衝擊，因此將酒名取為「炸彈 初垂」。在原料方面，黑木本店使用的是由自家農田所栽種出來的甘薯；製酒時，第一次釀造用酒甕、第二次釀造則用木桶來進行發酵，蒸餾時只擷取酒液最前面的部分，「因為這種原酒每次都只能蒸餾出一點點，所以在作業時要特別細心」酒藏主人說。”炸彈”這款酒如其名，喝的時候會有一股像是熟透的香蕉或是哈密瓜般的香氣在嘴裡爆發，口感強勁讓人立刻清醒，至於餘韻的部分則能感覺到豐富的甜味緩緩地延伸下去。冰過直接飲用能讓口感緊繃，慢慢加水喝則能享受味道變化的樂趣，兩者都是不錯的選擇。

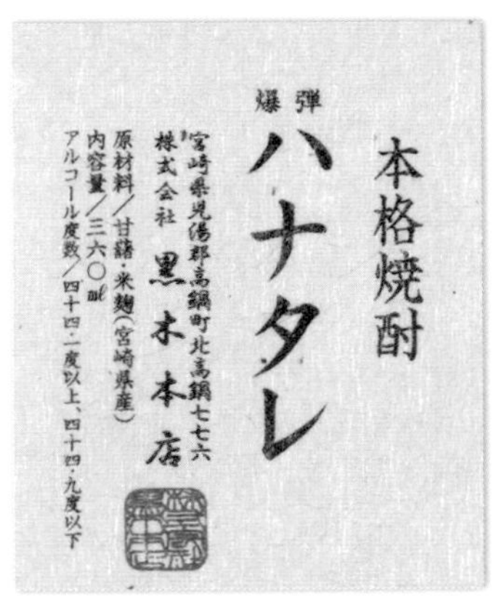

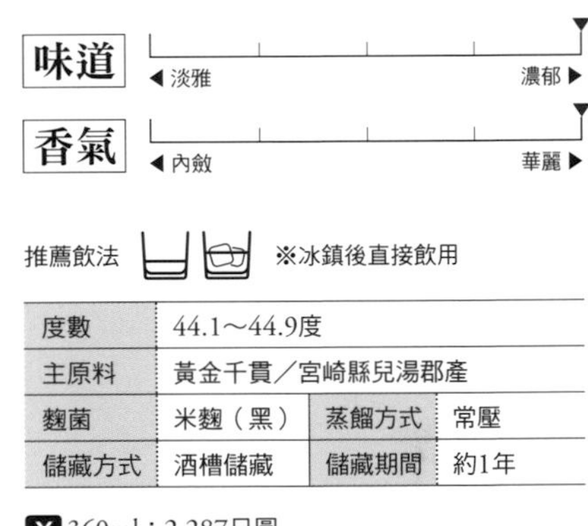

推薦飲法 ※冰鎮後直接飲用

度數	44.1～44.9度		
主原料	黃金千貫／宮崎縣兒湯郡產		
麴菌	米麴（黑）	蒸餾方式	常壓
儲藏方式	酒槽儲藏	儲藏期間	約1年

¥ 360ml：2,287日圓
酒廠直販／無　酒廠參觀／不可

推薦酒款

清新暢快，新酒才有的新鮮滋味

㐂六 無過濾［きろくむろか］

此酒款的特色在於有著彷彿麵包剛烤好的香氣，雖然才一開口要喝的時候會感覺到刺鼻的瓦斯味，但慢慢地則會浮現甘薯蒸熟般的溫暖與香甜。

推薦飲法

¥ 720ml：1,417日圓、1.8L：2,824日圓

度數	25度	主原料	黃金千貫（有機栽培）／宮崎縣兒湯郡產				
麴菌	米麴（黑）	蒸餾方式	常壓	儲藏方式	無	儲藏期間	無

● 創立年：1885年（明治18年）● 酒藏主人：第4代　黑木敏之 ● 杜氏：黑木信作 ● 從業員數：32人
● 地址：宮崎県児湯郡高鍋町北高鍋776 ● TEL：0983-23-0104 FAX：0983-23-0105

【黑千代香】專門用來溫熱燒酎的鹿兒島傳統酒器，能夠直接加熱。據說當地人即使喝完酒。也不會清洗它，而是讓殘留燒酎滲透進該容器裡。

用烤過的甘薯烤，讓甜味徹底升級

特別蒸餾原酒

［とくべつじょうりゅうげんしゅ］
宮崎縣串間市 松露酒造
http://shouro-shuzou.co.jp

使用南九州新鮮熟透的黃金千貫來釀造，蒸餾出44度以上卻未滿45度這樣幾乎快達燒酎規定上限的酒精濃度（根據日本的酒稅法，酒精濃度如果超過45度則屬於烈酒），只取酒心然後稍微過濾，不加水而直接裝瓶。用這樣的方式所製造出來的「特別蒸餾原酒」，能讓人享受到高酒精濃度所帶來的美味。口感黏稠而味道濃密，酒體相當飽滿；淡淡的餘韻有如輕煙裊裊又悠遠流長，讓滿足感慢慢地滲入身體裡的每一個細胞。喝的時候可以先直接飲用，接著再加冰塊或熱水以享受味道變化的樂趣。如果品嚐許多酒之後，非常適合用這一款做為結束，並為美好的一天畫上句點。

味道 ◀淡雅 濃郁▶
香氣 ◀內斂 華麗▶

推薦飲法

度數	44度		
主原料	黃金千貫／南九州產		
麴菌	米麴（白）	蒸餾方式	常壓
儲藏方式	酒槽儲藏	儲藏期間	3年以上

¥ 720ml：2,700日圓（當地未稅價）
酒廠直販／有　酒廠參觀／不可

推薦酒款

舒服暢快！適合夏天喝的芋燒酎

夏季限定 白麴紅薯釀造 **松露**［かきげんてい しろこうじあかいもじこみ しょうろ］

「炎熱的夏天不只是啤酒，希望也能盡情地享受燒酎」，基於這樣的理由而推出了這一款燒酎。製造時，特地將酒精濃度下調到20度，讓味道喝起來感覺味甘且口感輕盈。

推薦飲法 

¥ 720ml：1,050日圓、1.8L：2,100日圓（當地未稅價）

度數	20度	主原料	宮崎紅／宮崎縣產				
麴菌	米麴（白）	蒸餾方式	常壓	儲藏方式	酒槽儲藏	儲藏期間	未公開

● 創立年：1928年（昭和3年）● 酒藏主人：第2代　矢野貞次 ● 杜氏：矢野治彥 ● 從業員數：12人
● 地址：宮崎県串間市寺里1-17-5 ● TEL：0987-72-0221　FAX：0987-72-2883

為了振興島嶼而努力釀造燒酎的新酒廠

紅薯五島灘無過濾

［べにさつまごとうなだむろか］
長崎縣南松浦郡 五島灘酒造
http://www.gotonada.com

做為復興島上經濟的一環並「希望能用村民所種出來的甘薯來做出好喝的燒酎」，五島灘酒造在取得單式蒸餾酒製造執照後於平成19年成立，它是日本在戰後過了65年才首度出現的新燒酎廠。從九州本土搭船到五島灘酒造需要90分鐘，它位於五島列島，四周由蔚藍的海洋所包圍。酒廠所使用的原料全部都是嚴選自五島所種植出來的甘薯，「剛開始不太確定是否有辦法做出適合五島氣候的酒，不過每年酒的品質其實都有在提升」酒藏主人自信地說著。「紅薯 五島灘 無過濾」目標是希望能成為適合搭配各種料理的酒，它的香氣有如剛烤好的番薯那樣的溫暖沉穩，喝的時候還能感覺到舒服的紅薯甜味。

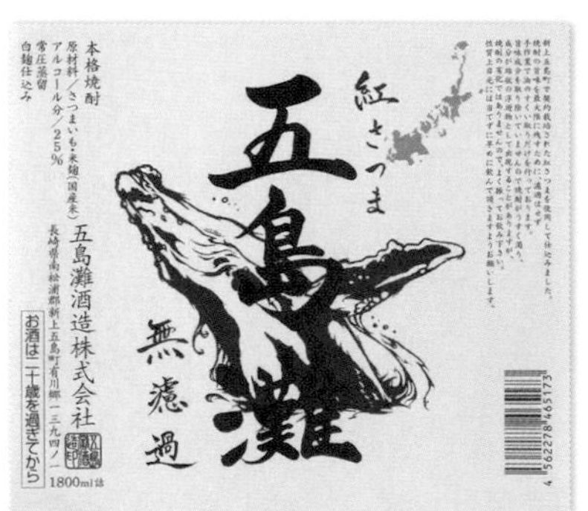

味道 ◀淡雅 — 濃郁▶
香氣 ◀內斂 — 華麗▶

推薦飲法

度數	25度		
主原料	紅薯／長崎縣新上五島町產		
麴菌	米麴（白）	蒸餾方式	常壓
儲藏方式	酒槽儲藏	儲藏期間	8～18個月以上

¥ 720ml：1,143日圓、1.8L：2,381日圓
酒廠直販／無　酒廠參觀／可

推薦酒款

充滿當地特色的風味，由海島所孕育出的燒酎
五島灘 黑麴［ごとうなだくろこうじ］

此酒款的特色在於有著淡淡的薯香且口感相當輕盈。此外，它的後味也相當暢快俐落。味道自然舒服，洋溢著質樸的美味，不論是加冰塊還是加熱水喝都非常適合。

推薦飲法 

¥ 720ml：1,238日圓、1.8L：2,476日圓

度數	25度	主原料	黃金千貫／長崎縣新上五島町產		
麴菌	米麴（黑）	蒸餾方式	常壓	儲藏方式	酒槽儲藏	儲藏期間	1～2年

● 創立年：2007年（平成19年）● 酒藏主人：第2代 田本喜美代 ● 杜氏：新西利秋 ● 從業員數：3人
● 地址：鹿児島県松浦郡新上五島町有川郷1394-1 ● TEL：0959-42-0002 FAX：0959-42-2275

【NANKO（ナンコ）】鹿兒島自古流傳下來喝酒時玩的遊戲。2個人各自將3根稱做NANKOTAMA（ナンコ珠）的小木條藏在手裡，然後互相猜對方手裡有幾根的一種遊戲。

「紅薯、紫薯」燒酎正流行中！

喝葡萄酒或日本酒的時候，經常會看葡萄或米是什麼品種，不過燒酎目前卻還是很少會用原料的品種來做選擇。不過以賣得還不錯的芋燒酎來說，雖然同樣都是芋燒酎，但是以紅薯和紫薯這兩個品種為原料所做成的燒酎最近卻是特別受到矚目，而受歡迎的理由則是因為它的“香氣”。紅薯和紫薯燒酎的特色在於加了熱水之後會散發出柑橘般的香氣，喝起來感覺相當舒暢，所以非常受到女性或是燒酎初學者的歡迎。此外，紅薯以及紫薯的花青素（多酚的一種）含量據說比一般番薯還要高，因此具有淨化血液的效果，同時還能在眼睛的保健上發揮很大的作用。

種子島GOLD（紫薯）
在紫薯當中種子島GOLD的味道特別甜，由於這種甘薯很容易沾黏，為了避免有些沒有被蒸到，因此在蒸的時候要特別注意需放置均勻。

島紫

鹿兒島縣西之表市 高崎酒造
http://www.takasakishuzo.com

特色在於有著華麗的香氣、舒服的口感與輕柔的甘甜，喝的時候可以加冰塊或是加水，特別適合剛喝燒酎的人飲用。

主原料：種子島GOLD（紫薯）
酒精濃度：25度
¥ 720ml：1,219日圓、1.8L：2,381日圓

白金乃露 紅

鹿兒島縣始良市 白金酒造
http://www.shirakane.jp

特色在於有著紅薯特有的優雅、香氣清晰強烈且甜味清爽舒服，適合搭配燒烤或是味道濃郁的燉物，建議可加冰塊或是加水飲用。

主原料：紅薩摩（紅薯）
酒精濃度：25度
¥ 900ml：1,000日圓、1.8L：1,900日圓

麥

主要以大麥為原料。

主要產地是長崎縣的壱岐島和大分縣。

美味的關鍵在於長期熟成。

「麥燒酎」的美味關鍵在於長期熟成

麥和米一樣，自古以來便是人類非常重要的食物，世界上很多的酒類都用麥所做成的，而本格燒酎也是以它做為原料。麥燒酎的主要產地是長崎縣的壱岐島和大分縣，據說蒸餾酒技術在16世紀時從大陸傳到壱岐，當地人活用了這種製酒方法而創造出獨特的麥燒酎，因而使該地成為麥燒酎的發源地。壱岐的麥燒酎是以2/3的麥和1/3的米麴為原料所釀製而成的，不過到了1970年代，大分縣的麥燒酎用100%的麥來製麴和發酵，當時在日本全國還引起了一陣旋風。

現今，以大麥為主原料所做成的麥燒酎，由於有著特殊的麥香和順口滑潤的風味，讓人喝的時候感覺非常輕盈，因而受到許多燒酎迷的喜愛。除此之外，現在還有許多能夠品嚐到濃厚麥香而口味獨特的酒款，至於經過長期熟成而使得層次豐富的麥燒酎也同樣受到非常多人喜歡，讓麥燒酎不論是品質還是口味上都越來越多樣。

長崎縣壱岐島 保護海上安全的「HARAHOGE地藏（はらほげ地蔵）」

由伊豆大島唯一的酒廠所釀製而成，香醇濃郁的麥燒酎

御神火

[ごじんか]
東京都大島町 谷口酒造
www.gojinka.co.jp

從伊豆大島的中心地元町開車到谷口酒造只要5分鐘，這間小酒藏位在村外的山丘上，四周由自然景觀所圍繞。伊豆半島原本有3間酒藏，後來其中的2間關閉，因此現在只留下這3間當中規模最小的谷口酒造。抱著「希望能釀造出量雖不多，但不管在哪都能被接受的純正燒酎」的想法，將前代酒藏主人所留下來的蒸餾器加以改良後繼續使用，並由第3代一個人獨自細心地釀造出麥味濃郁的燒酎。「御神火」的麥香非常厚，甚至有不少人會誤以為它是款芋燒酎。此外，它的味道柔順又帶著甘甜，入喉之後則更加明顯。喝的時候，雖然適合搭配生魚片等清淡的食物，但是和味道濃郁的起司一起享用其實也很棒。

味道 ◀淡雅 ―― 濃郁▶（濃郁）

香氣 ◀內斂 ―― 華麗▶（偏華麗）

推薦飲法 ※直接飲用，溫熱

度數	25度		
主原料	二條麥／栃木產		
麴菌	麥麴（白）	蒸餾方式	常壓
儲藏方式	酒槽儲藏	儲藏期間	1～1年半

¥ 720ml：1,080日圓
酒廠直販／有　酒廠參觀／不可

代表酒款

製法獨特，口感均衡
御神火 芋［ごじんか いも］

使用麥麴，並採取讓甘薯和大麥同時發酵的獨特製法。喝的時候能感覺到甘薯的甘甜和纖細又濃郁的大麥滋味在嘴裡散開，入喉滑順且後味殘留麥香，感覺相當均衡迷人。

推薦飲法 ※直接飲用，溫熱

¥ 720ml：1,630日圓

度數	25度	主原料	紅東（甘薯）／茨城縣產、二條大麥／栃木縣產				
麴菌	麥麴（白）	蒸餾方式	常壓	儲藏方式	酒槽儲藏	儲藏期間	1年

● 創立年：1937年（昭和12年）● 酒藏主人：第3代　谷口英久 ● 杜氏：谷口英久 ● 從業員數：3人
● 地址：東京都大島町野増字ワダ167番 ● TEL：04992-2-1726　FAX：04992-2-1753

滑潤順口，適合溫熱後品嚐的新島招牌酒

嶋自慢

[しまじまん]
東京都新島村 宮原
http://shimajiman.com

宮原酒造的前身是大正15年所成立的新島酒造清酒廠，後來在戰後才獨立出來製造燒酎。由於新島的土壤不適合種稻，因此這裡從以前所栽種的是又小又甜的「七福」甘薯（俗稱美國薯）。「嶋自慢」據說原本就是用這種甘薯所製造出來的，不過昭和40年代之後由於這種甘薯的產量開始減少，因此到了昭和60年的時候酒廠便不再繼續生產這款芋燒酎。後來，宮原在平成10年推出米燒酎之後，接著在平成15年又重新恢復生產芋燒酎。而現在我們所喝到的「嶋自慢」則改成全部都是使用日本國產大麥所做成的麥燒酎。這款酒的特色在於有著輕盈的麥香和圓潤的口感，喝的時候，不論是加冰塊或加水、還是加熱水或是先加水再溫熱都很適合。

味道　◀淡雅　濃郁▶

香氣　◀內斂　華麗▶

推薦飲法

度數	25度		
主原料	二條大麥／日本國產		
麴菌	麥麴（白）	蒸餾方式	常壓
儲藏方式	酒槽儲藏	儲藏期間	3年左右

¥ 720ml：1,000日圓
酒廠直販／有　酒廠參觀／不可

推薦酒款

值得細細品嚐的島酒
七福 嶋自慢［しちふくしまじまん］

使用幾乎只在新島、式根島才有種植的「七福」甘薯。由於東京的島酒即使是芋燒酎也會用麥麴來發酵，因此這也是此酒的特色之一。喝的時候，可充分地享受到麥麴的香氣和甘薯的甘甜。

推薦飲法 

¥ 720ml：1,650日圓

度數	25度	主原料	七福（甘薯）／東京都新島產				
麴菌	麥麴	蒸餾方式	常壓	儲藏方式	酒槽儲藏	儲藏期間	6～12個月

● 創立年：1926年（大正15年）● 酒藏主人：宮原淳 ● 杜氏：宮原淳 ● 從業員數：8人 ● 地址：東京都新島村本村1-1-5 ● TEL：04492-5-0016 FAX：04992-5-1248

利用紅外線加熱，讓口感更加溫和柔順

潮梅 [しょめ]

東京都八丈島 樫立酒造
http://park18.wakwak.com/~ssasa/shima/

樫立酒造位在三原山的山麓之中，四周是一大片的綠色景觀。考量到蒸餾是影響燒酎味道的關鍵，因此特地使用銅製的壺型蒸餾器來蒸餾出能將麥的美味給保留住的道地本格燒酎。八丈島的燒酎酒廠除了麥燒酎之外，通常也會生產芋燒酎，但是樫立酒造卻只生產麥燒酎，由此可知酒廠對於麥燒酎的執著與鍾情。在進行常壓蒸餾時會用紅外線來加熱的「潮梅」，它的特色在於有著淡淡的麥香和舒暢的味道，口感相當溫和。此外，樫立酒造對於麴菌也非常講究，他們特別使用由鹿兒島縣的河內源一郎商店所培育出來的白麴河內菌來釀造燒酎。在此順帶一提，「潮梅」一詞是來自當地的民謠「八丈潮梅節」。

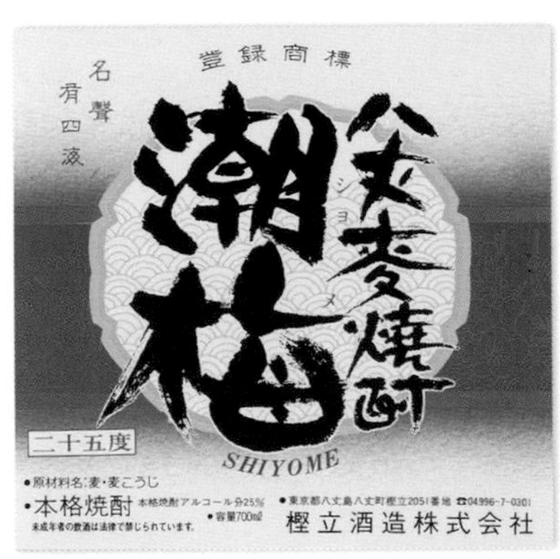

味道 ◀淡雅 濃郁▶

香氣 ◀內斂 華麗▶

推薦飲法

度數	25度		
主原料	大麥／茨城縣產		
麴菌	麥麴（白）	蒸餾方式	常壓
儲藏方式	酒槽儲藏	儲藏期間	1年

¥ 720ml：1,065日圓、1.8L：1,880日圓

酒廠直販／有　酒廠參觀／可

代表酒款

美妙的滋味，就像島上盛開的花朵

島之華 [しまのはな]

雖然麥香非常明顯，但是口感卻相當輕盈。第2代社長笹本玉男很喜歡花，據說他有次碰巧看見種在酒廠四周的山茶花，因而想出了這款酒名。

推薦飲法

¥ 720ml：917日圓、1.8L：1,778日圓

度數	25度	主原料	大麥／茨城縣產				
麴菌	麥麴（白）	蒸餾方式	常壓	儲藏方式	酒槽儲藏	儲藏期間	1年

● 創立年：1925年（大正14年）● 酒藏主人：笹本庄司 ● 杜氏：笹本庄司 ● 從業員數：2人 ● 地址：東京都八丈島八丈町樫立2051番地 ● TEL：04996-7-0301 FAX：04996-7-0876

【精麥】將麥燒酎的主原料「麥」的外皮除去，接著再經過研磨作業而成的麥。麥經過研磨之後，同時也會除去造成雜味的蛋白質等成分。

香氣獨特，適合各種飲法

麥冠 情嶋

［ばっかん なさけしま］
東京都八丈島村 八丈興發
http://www.hachijo-oni.co.jp

戰後不久，為了振興並發揚八丈島的物產，而由60位在地的生產者基於這樣的理念共同集資成立了八丈興發酒藏。八丈興發是東京9間酒藏中的其中一間，最初原本是釀造黑糖燒酎，不過現在則生產麥燒酎、芋燒酎以及麥芋混合燒酎。相對於酒藏的代表酒款「情嶋」是用減壓的方式來進行蒸餾，「麥冠 情嶋」則是一款以常壓蒸餾所製造出來的燒酎。酒藏以「能讓人感到衝擊的酒質」為概念，而將此酒打造成能符合八丈島、八丈興發以及杜氏・小宮山善友風格的燒酎。這款酒的特色在於為了儘可能地讓味道殘留而費了不少工夫。喝的時候，能感覺到香氣之中還帶著甘甜，含在口中則會有股麥香撲鼻而來使人欲罷不能，適合搭配生魚片、臭魚乾（くさや）或是明日葉等八丈島特產一起享用。

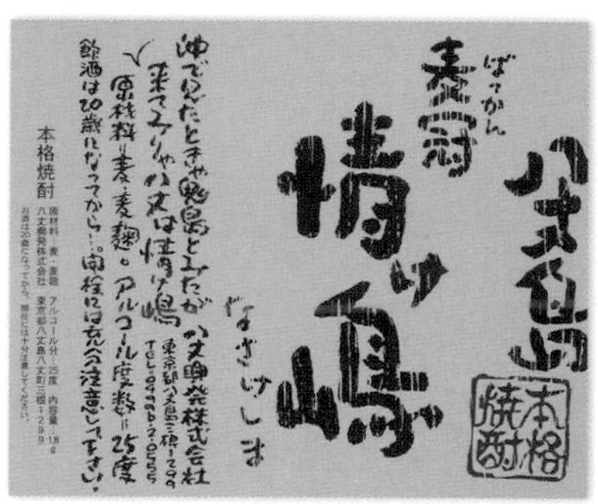

味道　◀淡雅　濃郁▶
香氣　◀內斂　華麗▶

推薦飲法　※各種飲法都適合

度數	25度		
主原料	麥／澳洲產		
麴菌	米麴（白）	蒸餾方式	常壓
儲藏方式	酒槽儲藏	儲藏期間	6～12個月

¥ 720ml：950日圓、1.8L：1,900日圓
酒廠直販／無　酒廠參觀／可

代表酒款

透過仕次儲藏的方式讓味道更有層次

情嶋［なさけしま］

酒款的命名來自八丈島的民謠，它的特色在於使用協會酵母而散發出吟釀香，讓人怎麼喝也喝不膩。此外，透過仕次儲藏的方式讓酒裡含有一些20年前的燒酎，因此喝起來有熟成的韻味。

推薦飲法　※各種飲法都適合

¥ 720ml：1,010日圓、1.8L：1,850日圓

度數	25度	主原料	麥／澳洲產				
麴菌	麥麴（白）	蒸餾方式	減壓	儲藏方式	酒槽儲藏	儲藏期間	仕次

● 創立年：1947年（昭和22年）● 酒藏主人：小宮山善仁 ● 杜氏：小宮山善友 ● 從業員數：6人
● 地址：東京都八丈島八丈町三根1299 ● TEL：04996-2-0555　FAX：04996-2-0321

將白麴原酒和黑麴原酒的特性加以調和而成的手工燒酎

村主

［すぐり］
長崎縣壱岐市 重家酒造
http://www.omoyashuzo.com

重家酒造是間位在印通寺浦的小酒藏，而漂浮在九州北部玄界灘海域的壱岐島就在它的西北方。重家（おもや）這個名字的由來是以前稱造酒廠為「重家」，後來酒廠便直接將它當作自己的廠名。重家酒造遵循第1代酒藏主人橫山確藏所留下的教誨「不受現代的影響，一切回歸初心與原點」，他們用甑（一種傳統蒸籠）來蒸米和麥，並以酒甕釀造，酒藏的全體人員懷著初衷，熱愛這片土地與大自然，並對壱岐充滿驕傲，然後努力地持續造酒。「村主」是款將常壓蒸餾且將長期熟成的白麴燒酎和黑麴燒酎互相混合而成的調和燒酎，它充分發揮了兩種酒麴的特性，讓黑麴特有的麥香和白麴特有的圓潤互相融合，形成非常絕妙的搭配。

味道　◀淡雅　濃郁▶

香氣　◀內斂　華麗▶

推薦飲法

度數	25度		
主原料	西之星（二條大麥）、米／長崎縣壱岐產		
麴菌	米麴（白、黑）	蒸餾方式	常壓
儲藏方式	酒槽儲藏	儲藏期間	7～8年

¥ 720ml：1,381日圓、1.8L：2,524日圓
酒廠直販／無　酒廠參觀／可（需預約）

代表酒款

歷經多次失敗，最後才終於完成的壱岐味
CHINGU［ちんぐ］

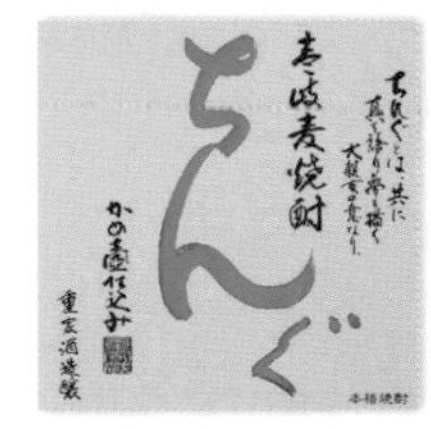

使用地下水並以酒甕發酵釀造，有著米的甘甜和從前燒酎原本就有的甜香，喝起來相當舒服清爽。「CHINGU」是壱岐當地的方言，意思是志同道合的好友。

推薦飲法

¥ 720ml：1,133日圓、1.8L：2,124日圓

度數	25度	主原料	西之星（二條大麥）／長崎縣壱岐產				
麴菌	米麴（白）	蒸餾方式	減壓、常壓	儲藏方式	酒槽儲藏	儲藏期間	2～3年

● 創立年：1924年（大正13年）● 酒藏主人：橫山雄三 ● 杜氏：橫山雄三 ● 從業員數：7人 ● 地址：長崎県壱岐市石田町印通寺浦200番地 ● TEL：0920-44-5002　FAX：0920-44-8401

【三角棚】兩側呈三角形狀的製麴裝置，如果是手工釀造時會裝在「麴室」裡，利用透過濾網流通的空氣和蒸氣而達到殺菌的效果。

用米和麥所做成的壱岐燒酎，味道相當圓潤順口

天川 壱岐盡

［あまのがわ いきづくし］
長崎縣壱岐市 天川酒造
http://www.amanokawashuzo.com

位於玄界灘海域上的壱岐島是座歷史悠久且自然豐富的島嶼，它同時也是麥燒酎的發源地。遵循傳統釀法，使用米麴並且用大麥發酵的壱岐燒酎，它在平成7年的時候獲得WTO產區地理標示的認證。用常壓的方式蒸餾出來的燒酎會含有較多的原料香，而透過儲藏則能使味道因為熟成而變得更加圓潤，因此天川酒造對常壓蒸餾與儲藏特別注重。本格燒酎「天川 壱岐盡」的特色在於有著舒服而柔和的甘甜，它精心挑選壱岐產的米和大麥，使用自然的地下水為水源，堅持採用壱岐最好的素材。搭配料理時，醬油燒烤或是炸雞等味道濃郁的料理會非常適合。

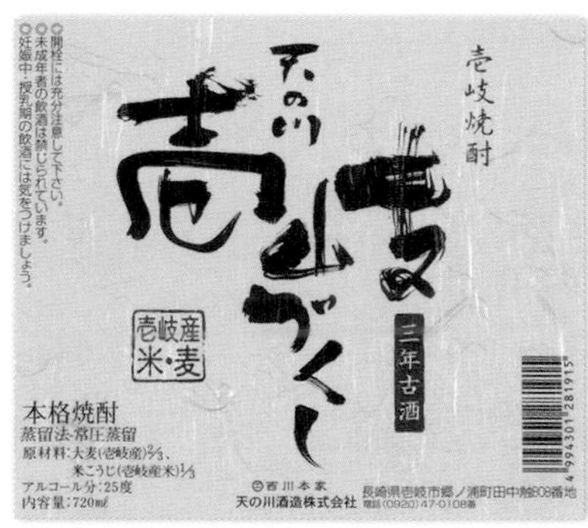

味道 ◀淡雅 濃郁▶

香氣 ◀內斂 華麗▶

推薦飲法

度數	25度		
主原料	西之星（二條大麥）／長崎縣壱岐產		
麴菌	米麴（白）	蒸餾方式	常壓
儲藏方式	酒槽儲藏	儲藏期間	3年

¥ 720ml：1,400日圓、1.8L：2,500日圓
酒廠直販／無　酒廠參觀／不可

代表酒款

味道濃郁，彷彿麥穗的波浪就在眼前

天川［あまのがわ］

這款酒使用的米麴和大麥其比例為1比2，水源則是來自地下水。香氣迷人而味道濃郁，能嚐到麥子的原味和米所帶來的甘甜，喝起來相當香醇美味。

推薦飲法

¥ 720ml（盒子包裝）：1,150日圓、900ml：933日圓、1.8L：1,800日圓

度數	25度	主原料	西之星（二條大麥）／澳洲、長崎縣壱岐產				
麴菌	米麴（白）	蒸餾方式	減壓	儲藏方式	酒槽儲藏	儲藏期間	2年

● 創立年：1906年（明治39年）● 酒藏主人：第4代　西川幸男 ● 杜氏：西川幸男 ● 從業員數：2人
● 地址：長崎県壱岐市郷ノ浦町田中触808番地 ● TEL：0920-47-0108　FAX：0920-47-3957

酒廠精心釀造出的唯一酒款，味道有如大海般的深沉

青一髮 ［せいいっぱつ］

長崎縣南島原市 久保酒造場

久保酒造場所釀造的酒只有麥燒酎「青一髮」這一款，因為一直是酒藏主人一個人手工釀製而成，所以產量很少，不過由於它的味道相當深沉，因此總是讓燒酎迷們垂涎不已。久保酒造場在製酒時下了不少工夫，而這些也只有用手工釀造才能辦到。在釀造方面，由於酒醪如果完全發酵到熟透可以讓酒的味道更加鮮味，因此他們在第二次釀造時，會等到酒醪徹底發酵之後才開始進行蒸餾。此外，他們在蒸餾時所採取的是微減壓這種相當少見的方法。利用這些方式來製酒，能夠喚醒原料中原本沉睡的部分，同時還可以讓味道喝起來更加舒服順口。含一口「青一髮」在嘴中，會感覺到鬆軟、溫和，以及濃郁的麥味與香氣向外擴散，後味則帶點甜味且相當俐落。飲用時用各種方式都好喝，搭配各種料理也都很適合。

味道 ◀淡雅 ―― 濃郁▶

香氣 ◀內斂 ―― 華麗▶

推薦飲法

度數	25度		
主原料	二條大麥／長崎縣諫早產		
麴菌	麥麴（河內菌白麴）	蒸餾方式	微減壓
儲藏方式	酒槽儲藏	儲藏期間	3年以上

¥（當地售價）900ml：1,092日圓、1.8L：2,017日圓　酒廠直販／無　酒廠參觀／不可

第二次釀造時，等到酒醪徹底發酵後才進行蒸餾。

「青一髮」這個名字是來自漢詩『泊天草洋』前面一段當中的詞句，此詩的作者是江戶末期的儒家學者賴山陽，他在望向天草的海洋時有感而發而寫下了這首詩。

● 創立年：1907年（明治40年）● 酒藏主人：久保長一郎 ● 杜氏：久保長一郎 ● 從業員數：3人
● 地址：長崎県南島原市口之津町甲2139 ● TEL：0957-86-2004 FAX：0957-86-2106

【麴室】用來手工製造麴菌的房間。為了讓麴菌繁殖，室溫必須維持在27～28度，濕度則需保持在70％前後，在室內環境條件的調節上可說是相當困難。

味道豐富，稀釋後感覺一樣濃郁

豪氣 歌垣

［ごうき うたがき］
福岡縣久留米市 杜之藏
http://www.morinokura.co.jp

築後川及其流域是一大片寬廣的穀倉地，受惠於這裡的物產豐饒而讓久留米的酒廠林立，也因此這裡自古以來便與造酒共同刻畫著歷史。在這當中，專門釀造純米酒與本格燒酎的杜之藏使用當地的原料和水，並憑藉著多年所累積的經驗與技巧，持續並細心地釀造出好酒。他們造酒的目的在於「創造愉悅的時光與豐盛的餐桌」，希望讓人在覺得酒好喝之餘，同時也能感覺到幸福。而「豪氣 歌垣」便是一款像這樣的酒，它是只用大麥麴所釀造而成的麥燒酎，透過特殊的製法將美味發揮到極致，接著再將萃取出來的酒裝入專門的酒甕中經過5年以上的長期熟成。香醇甘甜的麥香、豐富的複雜度與深沉的味道，非常適合搭配肉類料理或是甜點一起享用。

味道 ◀淡雅 濃郁▶

香氣 ◀內斂 華麗▶

推薦飲法

度數	25度		
主原料	二條大麥／福岡縣產		
麴菌	大麥麴（白）	蒸餾方式	常壓
儲藏方式	酒甕儲藏	儲藏期間	5年以上

¥ 720ml：1,300日圓、1.8L：2,600日圓
酒廠直販／無　酒廠參觀／不可

代表酒款

口感均衡，風味絕佳

豪氣 麥［ごうき むぎ］

萃取最先蒸餾出來的酒頭（初留）所帶來的美味，可說是一款相當奢華的麥燒酎。味道豐富，後味俐落輕快。喝起來不但順口，且還能感覺到滿滿的麥香。

推薦飲法

¥ 720m：890日圓、1.8L：1,800日圓

度數	25度	主原料	二條大麥／福岡縣產				
麴菌	麥麴（白）	蒸餾方式	特殊蒸餾	儲藏方式	酒槽儲藏	儲藏期間	3年以上

● 創立年：1898年（明治31年）● 酒藏主人：第5代　森永一弘 ● 杜氏：樺山智佑 ● 従業員數：28人
● 地址：福岡県久留米市三潴町玉満2773 ● TEL：0942-64-3001　FAX：0942-65-0800

近30年的長期熟成所孕育出的豐富香氣

櫻明日香PASTORALE II

[さくらあすか パストラーレ ドゥーエ]
福岡縣久留米市 紅乙女酒造
http://www.beniotome.co.jp

創立於元祿時代的紅乙女酒造是築後地區最古老的造酒廠，它使用耳納連山的地下水和優質的原料來釀製燒酎，細心地製造出不含添加物的自然風味。基於「希望能做出味道深沉，且不輸白蘭地或威士忌、給人全新感覺的酒」的想法而不斷地加以研究，最後終於製造出全世界首次以芝麻做成的代表酒款──「胡麻祥酎紅乙女」。而「櫻明日香 PASTORALE II」則是紅乙女酒造在發酵、蒸餾時，特別將溫度管理與蒸餾時間經過調整才得以完成的一款燒酎，這款酒的特色在於透過常壓蒸餾而強調出原料的特性，接著再經過將近30年的熟成而讓味道更加圓潤，喝的時候適合搭配紅燒肉或牛雜鍋等味道濃郁的肉類料理一起享用。

味道 ◀淡雅 ── 濃郁▶

香氣 ◀內斂 ── 華麗▶

推薦飲法

度數	25度		
主原料	麥／日本國產		
麴菌	米麴（白）	蒸餾方式	常壓
儲藏方式	酒槽儲藏	儲藏期間	超長期熟成

¥ 720ml：1,500日圓、1.8L：3,600日圓
酒廠直販／有　酒廠參觀／可

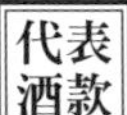

代表酒款

令人著迷的芝麻香，味道相當獨特

芝麻祥酎 紅乙女GOLD [ごましょうちゅう べにおとめ ゴールド]

添加芝麻並採用特殊的發酵技術，讓香氣和味道感覺相當舒服高雅。此外，喝的時候還能享受到熟成後的美味和圓潤的餘韻，而讓這款酒在國外也能獲得高的評價。

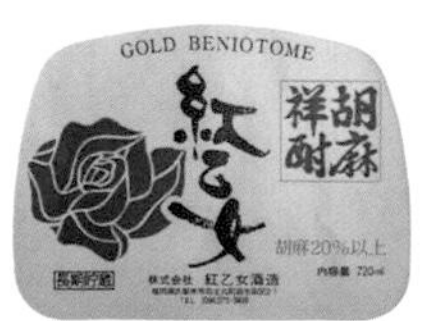

推薦飲法

¥ 720ml：3,650日圓

度數	25度	主原料	麥／日本國產、芝麻（20%以上）				
麴菌	米麴（白）	蒸餾方式	減壓	儲藏方式	酒槽儲藏	儲藏期間	長期熟成

● 創立年：1978年（昭和53年）● 社長：吉村拓二 ● 杜氏：垣原淳 ● 從業員數：47人 ● 地址：福岡縣久留米市田主丸町印益生田214-2 ● TEL：0943-72-3939 FAX：0943-73-0187

【麴蓋】製麴時所用的木箱。將穀物還有麴菌放入麴蓋裡，接著在麴室裡疊起來存放。各箱子間留有隙縫以便潮濕溫暖的空氣能夠流通，促使麴菌繁殖生長。

內行人才知道的正宗麥燒酎

三 燒酎屋 兼八

［かねさん しょうちゅうや かねはち］
大分縣宇佐市 四谷酒造
http://www.shochuya.com

將一粒粒的麥用自製的常壓蒸餾器仔細地進行蒸餾，而且不過度精練。四谷酒造用如此講究的態度，遵循代代所留傳下來的傳統技法，將麥原本的香氣和美味發揮到淋漓盡致而釀造出「兼八」這一款酒。兼八那有別於一般燒酎的迷人麥香與深奧的口感總是使燒酎迷們難以忘懷，因而經常被稱為名酒。四谷酒造位在大分縣的宇佐市，這裡同時也是九州北部宇佐八幡的所在地，旁邊則是周防灘海域。酒廠成立於大正8年，創立者是四谷兼八，他原本是在經營魚市場，生意遍及九州各地。他由於無法忘懷那些曾在每個地方所喝過燒酎滋味，最後乾脆自己製造起燒酎來。這如此堅定的信念，到現在仍然與以它為名的燒酎共同存在於世。

味道 ◀淡雅 —— 濃郁▶
香氣 ◀內斂 —— 華麗▶

推薦飲法

度數	25度		
主原料	裸麥／大分縣產等		
麴菌	麥麴（白）	蒸餾方式	常壓
儲藏方式	酒槽儲藏	儲藏期間	約10個月

¥ 720ml：1,300日圓、1.8L：2,500日圓
酒廠直販／無　酒廠參觀／不可

代表酒款

絕佳的口感，讓料理的味道嚐起來更棒

宇佐 麥［うさむぎ］

這款燒酎相當重視味道和香氣的調和，喝起來舒服順暢。輕盈的酒質之中帶著深度與層次，不論是當成餐中酒或是餐後酒都很適合。

推薦飲法

¥ 720m：1,100日圓、1.8L：2,100日圓

度數	25度	主原料	二條大麥／大分縣等地產				
麴菌	麥麴（白）	蒸餾方式	減壓	儲藏方式	酒槽儲藏	儲藏期間	約10個月

● 創立年：1919年（大正8年）● 酒藏主人：四谷芳文 ● 杜氏：四谷岳昭 ● 従業員數：9人 ● 地址：大分県宇佐市大字長洲4130 ● TEL：0978-38-0148

使用裸麥並經過熟成，讓這款燒酎的味道非常纖細

常德屋 道中

[じょうとくや どうちゅう]
大分縣宇佐市 常德屋酒造場

常德屋酒造場成立於明治40年，它原本是一家專門製造清酒的酒廠，後來在昭和59年與附近的另外2家酒廠採取聯合經營的方式而轉變成了燒酎酒廠。到了平成15年，酒廠又自己獨立出來並取名為「常德屋」，他們以「酒是活的，在需要的時候做需要的事，過與不及都不好」為信念，努力在味道上求新求變。有別於麥燒酎一般都是用二條大麥，「常德屋道中」則是使用裸麥（六條大麥）來進行釀造。由於這種麥粒較小，因此在處理原料時，從清洗、浸泡到蒸煮等都要特別注意以防止吸水過量。「常德屋道中」蒸餾出來之後還會再經過將近2年左右的熟成，它的特色在於有著舒服又迷人的香氣。後味俐落，纖細的味道中還夾帶著甜中帶苦的滋味，非常適合當作餐中酒飲用。

味道 ◀淡雅 ―― 濃郁▶

香氣 ◀內斂 ―― 華麗▶

推薦飲法

度數	25度		
主原料	裸麥（六條大麥）／大分縣宇佐產		
麴菌	麥麴（白）	蒸餾方式	常壓
儲藏方式	酒槽儲藏	儲藏期間	18～24個月

¥ 720ml：1,178日圓、1.8L：2,142日圓
酒廠直販／無　酒廠參觀／可（需預約）

代表酒款

適合平時輕鬆小酎的日常酒

常德屋［じょうとくや］

此酒款為該酒廠所推出的第一支麥燒酎，完美地混合常壓和減壓所蒸餾出的原酒，讓味道喝起來不但圓潤、美味而且相當清爽。風味均衡且順口，可說是感覺相當奢侈的經典酒款。

推薦飲法

¥ 720ml：963日圓、1.8L：1,772日圓

度數	25度	主原料	二條大麥／澳洲產				
麴菌	大麥麴（白）	蒸餾方式	常壓、減壓	儲藏方式	酒槽儲藏	儲藏期間	6～12個月

● 創立年：1907年（明治40年）● 社長：第4代　中園誠 ● 杜氏：中園誠 ● 從業員數：3人 ● 地址：大分県宇佐市大字四日市1205-2 ● TEL：0978-32-0011　FAX：0978-32-7861

【酵母】酵母是一種真菌，麴菌將澱粉轉化成葡萄糖之後，接著會用酵母再將它分解成酒精和二氧化碳，在日本大致可分為「藏付酵母」和「協會酵母」。

厚重的味道與香氣，被稱為麥燒酎中的麥燒酎

特蒸泰明

[とくじょうたいめい]
大分縣豐後大野市 藤居釀造
http://www.taimei-fujii.co.jp

從大分市開車要1小時，酒廠的四周是從前風貌的田園景色，藤居釀造自創業以來從未改變使用木桶蒸麥、在石室裡製麴並以手工的方式細心地製造麥燒酎。酒廠所用的蒸餾器是透過熟識的鐵工廠花了數年的時間，經過不斷地改良而得以完成的特殊品。這個蒸餾器的材質並非全是不銹鋼，它有一部分的材質是銅；造型上則體積小而頸部短，並且蒸餾口朝右，透過此一設計能讓燒酎有著濃郁的麥香和厚重的口感。「特蒸泰明」一開始會散發出古早味麥茶般的芳香，接著則轉變成深沉的煙燻香氣，味道雖然感到厚重，但餘韻卻殘留著微微的甘甜，不論是當作餐中酒或是餐後酒都能讓人沉醉不已。

味道 ◀淡雅 濃郁▶

香氣 ◀內斂 華麗▶

推薦飲法

度數	25度		
主原料	二條大麥		
麴菌	麥麴（白）	蒸餾方式	常壓
儲藏方式	酒槽儲藏	儲藏期間	6個月

¥ 720ml：1,404日圓、1.8L：2,700日圓
酒廠直販／需洽談（要有特約商店的介紹） 酒廠參觀／需預約

推薦酒款

購買當日才是熟成之始
泰明 從此開始2015[たいめい ここから2015]

為了讓酒能夠在瓶子裡長期貯藏，這款泰明原酒特別下了更多的工夫和時間來釀造。由於在瓶子上都會印有上市的年份，因此相當適合拿來收藏或是做為紀念日的禮物。

推薦飲法 ※各種飲法都適合

¥ 720ml：4,320日圓

度數	42度	主原料	二條大麥				
麴菌	麥麴（白）	蒸餾方式	常壓	儲藏方式	酒槽儲藏	儲藏期間	1～3個月

● 創立年：1929年（昭和4年）● 酒藏主人：第3代 藤居淳一郎 ● 杜氏：藤居淳一郎 ● 地址：大分縣豐後大野市千歲町新殿150-1 ● TEL：0974-37-2016 FAX：0974-37-2002

在酒槽裡倒入麴、水和酵母並互相混合以製造出大量純粹的酵母。在釀造的過程中，同時也會分解出第二次釀造時所需要的酵素和防止酒醪腐敗的檸檬酸。

冠上釀酒師之名，展現出自信與對燒酎的喜愛

杜氏 壽福絹子

［とうじ じゅふくきぬこ］
熊本縣人吉市 壽福酒造場

一般大眾大多會比較喜歡舒服輕盈的味道，因此即使是麥燒酎通常也是減壓蒸餾酒會較受歡迎，不過在這當中，壽福酒造卻是堅持只釀造傳統常壓蒸餾酒的酒廠。現任的酒藏主人壽福絹子長年擔任杜氏的工作，這讓她在傳統上女性是禁止踏入酒廠的製酒界吃進了不少苦頭。不過也正因為是女性，所以才能以細膩的方式和想法釀造出個性豐富又口味多變的燒酎，因此也可說是燒酎界的重要資產。壽福酒造的產量雖然不多，卻反而因此能夠像養育小孩般地細心呵護，就像這款冠上自己名字的「杜氏 壽福絹子」，也是洋溢著豐富芬芳的香氣與圓潤柔和的味道。

味道：淡雅 ◀ ▶ 濃郁
香氣：內斂 ◀ ▶ 華麗

推薦飲法

度數	25度		
主原料	大麥／九州產		
麴菌	麥麴（白）	蒸餾方式	常壓
儲藏方式	酒槽、酒甕	儲藏期間	2～3年

¥ 720ml：1,350日圓
酒廠直販／有　酒廠參觀／可

推薦酒款

100%的古酒，絕佳的酒精濃度

壽福 古酒1999年製［じゅふくこしゅ1999ねんせい］

這款是1999年蒸餾完成的100%古酒，特別將原酒稀釋成最能展現出香醇濃厚的酒精濃度。沉穩的香甜和滑潤的口感，可稱得上是極致熟成的陳年古酒。

推薦飲法

¥ 720ml：5,000日圓

度數	28度	主原料	大麥／日本國產				
麴菌	麥麴（白）	蒸餾方式	常壓	儲藏方式	酒槽儲藏	儲藏期間	1999年～

● 創立年：1890年（明治23年）● 社長：第4代　壽福絹子 ● 杜氏：吉松良太 ● 従業員數：4人 ● 地址：熊本県人吉市田町28-2 ● TEL：0966-22-4005　FAX：0966-22-4037

讓人想隨著時間流逝而細細地品嚐的好酒

百年孤獨

[ひゃくねんのこどく]
宮崎縣兒湯郡 黑木本店
http://www.kurokihonten.co.jp

「百年孤獨」是個讓人一聽就無法忘記的名字，這款酒的名字是來自得過諾貝爾獎的作家賈西亞．馬奎斯所寫的小說。此酒在釀造時，第一次是使用酒甕，第二次則是使用木桶；蒸餾後還會用各種橡木桶（美國橡木、法國橡木、水楢）來進行儲藏，因而讓味道不只散發出甘甜的麥香，同時還能聞到舒服的木頭香氣。喝的時候，不論是有如香草和椰子般的香甜，或是慢慢地在口中散開的複雜餘韻，在在都有如作夢般的愉悅與舒服。「酒做出來之後，接下來的熟成和調和也絕不馬虎」酒藏主人說。此酒款就像威士忌一樣，能讓人慢慢地品嚐並享受時間的流逝，搭配料理時燒烤或炸物會非常適合，如果是當作餐後酒，那麼和巧克力一起享用也是個不錯的選擇。

味道 ◀淡雅 濃郁▶（最濃郁）
香氣 ◀內斂 華麗▶（偏華麗）

推薦飲法

度數	40度		
主原料	大麥／九州產		
麴菌	麥麴（白）	蒸餾方式	單式蒸餾
儲藏方式	木桶儲藏	儲藏期間	3年以上

¥ 720ml：3,056日圓
酒廠直販／無　酒廠參觀／不可

推薦酒款 香醇濃厚，後味洗練

尾鈴山 山猿 [おすずやま やまざる]

散發出有如烤好的吐司般的香氣與牛奶糖般的香甜，味道雖然強勁濃厚，但是餘韻卻相當細緻典雅，相當適合搭配炭火燒烤或是炸物一起享用。

推薦飲法 

¥ 720ml：1,219日圓、1.8L：2,429日圓

度數	25度	主原料	裸麥／九州產				
麴菌	麥麴（白）	蒸餾方式	常壓	儲藏方式	無	儲藏期間	無

● 創立年：1885年（明治18年）● 酒藏主人：第4代　黑木敏之 ● 杜氏：黑木信作 ● 從業員數：32人
● 地址：宮崎県児湯郡高鍋町北高鍋776 ● TEL：0983-23-0104　FAX：0983-23-0105

美妙出色的均衡感，優質的萬能百搭酒

[なかなか]
宮崎縣兒湯郡 黑木本店
http://www.kurokihonten.co.jp

宮崎縣的大麥原本都是由政府統一收購，不過後來在黑木本店的努力之下，終於讓它能夠在民間自由地流通。從此之後，在宮崎縣不但確定能直接買到縣內的大麥，同時也能逕自進行精麥加工。「希望以後能夠用自己種出來的大麥來釀造燒酎」，酒藏主人表示今後還是會持續進行各種嘗試和挑戰。「中中」混合了用減壓和常壓所蒸餾出來的酒，因而讓味道相當有層次。它的特色在於有著宛如草本植物般的清新香氣，味道圓潤而餘韻香甜迷人。此外，它的口感俐落也充滿魅力，在感官的調和上可說是非常完美。飲用時可以先加冰塊喝喝看，接著如果再慢慢加冰或水則會感覺到味道的變化。這款燒酎能搭配各種料理，可說是款非常極致的萬能百搭酒。

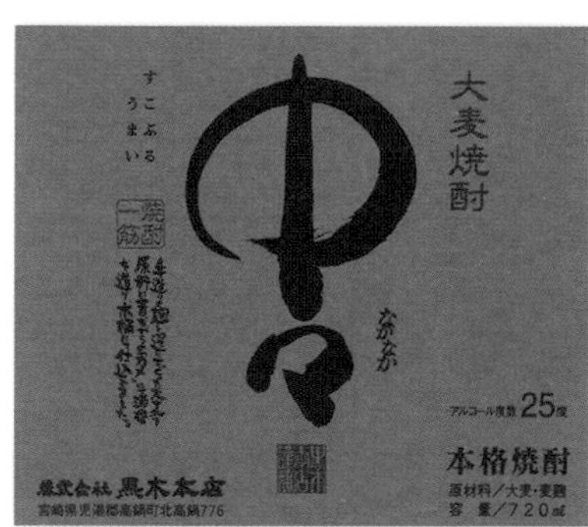

味道 ◀淡雅 濃郁▶

香氣 ◀內斂 華麗▶

推薦飲法

度數	25度		
主原料	春雫、西之星／九州產		
麴菌	麥麴（白）	蒸餾方式	常壓、減壓
儲藏方式	酒槽儲藏	儲藏期間	約1年

¥ 720ml：1,048日圓、1.8L：2,029日圓
酒廠直販／無　酒廠參觀／不可

推薦酒款

透過調和，讓味道更複雜多變
陶眠 中中 [とうみん なかなか]

將各種用不同方式所製造出來的原酒混合，酒藏主人說：「必須要有相當純熟的技術才能調和出這絕妙的味道」，華麗的香氣和有如香草般甘甜的餘韻為其特色。

推薦飲法

¥ 720ml：2,470日圓

度數	28度	主原料	春雫／九州產				
麴菌	麥麴（白）	蒸餾方式	常壓	儲藏方式	酒槽儲藏	儲藏期間	與古酒調和

● 創立年：1885年（明治18年）● 酒藏主人：第4代　黑木敏之 ● 杜氏：黑木信作 ● 從業員數：32人
● 地址：宮崎県児湯郡高鍋町北高鍋776 ● TEL：0983-23-0104　FAX：0983-23-0105

【第一次酒醪】第一次釀造時所形成的酒醪，又稱為酒母。

受惠於大自然與費盡心血才孕育出的獨特香氣

青鹿毛

［あおかげ］
宮崎縣都城市 柳田酒造
http://www.yanagita.co.jp

柳田酒造位於都城盆地的中央，該盆地的西部由靈峰霧島山群所圍繞，受惠於豐富優質的電解水，使得柳田酒造成為了都城市歷史最悠久的燒酎廠。在酒廠裡，大家就像一家人一樣，細心地釀造出一瓶又一瓶的燒酎。目前的酒藏主人已是第5代，由於他曾當過工程師，因此能研發出獨創的燒酎製造技術。「青鹿毛」首先在製麴時會讓酸味比平常再更酸一點，讓它自然發酵之後，接著使用獨自研發出來的蒸餾器蒸餾出酒精，經過如此多道的工夫，才能讓酒的味道芳香醇厚，並散發出獨特的可可香味而成為該酒款的特色。加冰塊能品嚐到餘韻悠長的濃郁滋味；加溫水或是加熱並冷卻後喝則能享受到柔順又深沉的味道變化。

味道 ◀淡雅 ―― 濃郁▶

香氣 ◀內斂 ―― 華麗▶

推薦飲法 ※加熱後冷卻、或加溫水

度數	25度		
主原料	西之星（二條大麥）／佐賀縣產		
麴菌	麥麴（白）	蒸餾方式	常壓
儲藏方式	酒槽儲藏	儲藏期間	3年＋新酒

¥ 720ml：1,250日圓、1.8L：2,500日圓
酒廠直販／無　酒廠參觀／不可

代表酒款

追求輕盈舒服的好味道
赤鹿毛［あかかげ］

抱著「想要釀造出能享受到大麥芳香且口感滑潤舒服的麥燒酎」的想法，於是特地改良蒸餾器因而誕生出這款燒酎，輕快的香氣和溫和的口感為其特色。

推薦飲法 

¥ 720ml：1,150日圓、1.8L：2,300日圓

度數	25度	主原料	西之星（二條大麥）／佐賀縣產				
麴菌	麥麴（白）	蒸餾方式	微減壓	儲藏方式	酒槽儲藏	儲藏期間	1年

● 創立年：1902年（明治35年）● 酒藏主人：第5代 柳田正 ● 杜氏：柳田正 ● 從業員數：7人 ● 地址：宮崎県都城市早鈴町14街区4号 ● TEL：0986-25-3230 FAX：0986-25-3231

濃郁的麥香慢慢地在口中融化

八重櫻 麥 熟成

［やえざくら むぎ じゅくせい］
宮崎縣日南市 古澤釀造
http://www.nichinan-yaezakura.jp

隨著時代的變遷，不管世界如何地邁向機械化，古澤釀造還是遵循著創業以來的傳統製法。他們在能夠保持一定溫度的土藏（傳統的日式酒窖）裡進行製酒，除了製麴時使用木製的麴蓋，在釀造時第一次和第二次則全部都是用酒甕來發酵。至於「八重櫻 麥 熟成」，這款酒更是使用酒廠內的酒甕和琺瑯酒槽且經過3年緩慢的熟成，因而讓味道更加地深沉迷人。這瓶酒的正面酒標據說是酒廠重新複製大正時期所使用的樣式，懷舊的酒瓶設計，讓人喝完之後會想將它當成裝飾品一樣繼續擺著。沉穩的香氣輕輕入鼻，舒服的麥香則在嘴裡散開，餘韻雖悠遠流長，入喉時卻相當清爽俐落。即使是加冰或加水也無損於味道的持久，喝的時候可依照想醉的程度，調整冰塊和加水的比例。

味道　◀淡雅　濃郁▶

香氣　◀內斂　華麗▶

推薦飲法

度數	25度		
主原料	麥		
麴菌	麥麴（白）	蒸餾方式	常壓
儲藏方式	酒槽儲藏	儲藏期間	3年

¥ 720ml：1,143日圓、1.8L：2,000日圓
酒廠直販／無　酒廠參觀／需預約

代表酒款

讓人微醺的迷人滋味

八重櫻 麥［やえざくら むぎ］

讓人微醺放鬆的好味道，其特色在於有著淡淡的麥香與甘甜，喝起來相當順口。怎麼喝都不會膩的迷人魅力，搭配任何料理都非常適合。

推薦飲法

¥ 720ml：943日圓、1.8L：1,819日圓

度數	25度	主原料	麥				
麴菌	米麴（白）	蒸餾方式	常壓	儲藏方式	酒槽儲藏	儲藏期間	1年以上

● 創立年：1892年（明治25年）● 酒藏主人：第5代　古澤昌子 ● 杜氏：古澤昌子 ● 從業員數：4人（釀造時期為16人）● 地址：宮崎県日南市大堂津4-10-1 ● TEL：0987-27-0005　FAX：0987-27-1853

【酒甕釀造】用酒甕來釀造燒酎，或是指以酒甕釀造出的燒酎。由於酒甕是用土做成的，在管理上雖然比較費工夫，但是能讓酒產生獨特的風味。

深受燒酎迷喜愛的香氣與滋味

長期儲藏麥燒酎 松露 [ちょうきちょぞう むぎしょうちゅう しょうろ]

宮崎縣串間市 松露酒造
http://shouro-shuzou.co.jp

松露酒造一直都有生產麥燒酎，但是在2000年時，因為想要製造出全新的麥燒酎，於是開始了相關的挑戰與嘗試。不過值得一提的是，他們想要釀造出來的是和芋燒酎有著同樣沉穩濃厚的味道，而非當時所流行的清爽淡雅，「想要釀造出愛喝燒酎的人一定會喜歡的味道」他們說。「長期儲藏麥燒酎 松露」使用黑麴，散發出淡淡的麥香，經過長達10年的熟成而讓口感非常柔和，同時還能感覺到大麥的甘甜與滋味在口中緩緩地綻放開來。此外，它的餘韻均衡沉穩，更是使人回味不已。喝的時候建議可加熱水慢慢品嚐，適合搭配的料理有紅燒肉、豬腳以及炸漢堡肉等味道較為濃郁的料理或炸物。

味道：◀淡雅 —— 濃郁▶

香氣：◀內斂 —— 華麗▶

推薦飲法

度數	25度		
主原料	麥／澳洲產		
麴菌	麥麴（黑）	蒸餾方式	常壓
儲藏方式	酒槽儲藏	儲藏期間	10年以上

¥ 720ml：1,000日圓、1.8L：2,000日圓（當地的未稅價格） 酒廠直販／有 酒廠參觀／不可

推薦酒款

緊繃銳利的口感與甘甜

黑麴釀造 松露 [くろこうじじこみ しょうろ]

該酒款的特色在於俐落的口感背後卻似乎包覆著一層柔和，加上黑麴所帶來的香氣，因而營造出緊繃又銳利的印象，加冰塊或熱水飲用可充分地享受到甘薯的甜味。

推薦飲法 

¥ 720ml：1,000日圓、1.8L：2,000日圓（當地的未稅價格）

度數	25度	主原料	宮崎紅（甘薯）／宮崎縣產				
麴菌	米麴（黑）	蒸餾方式	常壓	儲藏方式	酒槽儲藏	儲藏期間	未公開

● 創立年：1928年（昭和3年）● 酒藏主人：第2代 矢野貞次 ● 杜氏：矢野治彥 ● 從業員數：12人
● 地址：宮崎県串間市寺里1-17-5 ● TEL：0987-72-0221 FAX：0987-72-2883

混合黑白麴，讓口感兼具強勁與溫和

麥燒酎 野海棠 [むぎしょうちゅう のかいどう]

鹿兒島縣薩摩川內市 祁答院蒸餾所
http://www.imoshochu.com/imuta/

祁答院蒸餾所是日本唯一以「手工釀造、木槽發酵、木桶蒸餾、洞窟儲藏」的製酒工序來製造芋燒酎的酒廠，而他們的麥燒酎「野海棠」則和芋燒酎一樣，完全都是以手工的方式來製麴，「我們刻意不使用能調節溫度的機器，完全只靠釀酒師敏銳的神經和感官，直接用手的感覺來培育麴菌」酒藏主人說。透過混合黑麴和白麴，讓燒酎喝起來不但感覺強勁又洗練。此酒款的特色在於散發出清晰又深沉的麥香，濃郁的味道會隨著時間慢慢地越來越鬆軟，加冰塊或加水飲用能讓迷人的餘韻更加悠長。喝的時候，非常推薦可搭配仔細調味過的肉類或是起司等味道不會被麥香蓋過的料理。

味道 ◀淡雅　濃郁▶

香氣 ◀內斂　華麗▶

推薦飲法

度數	25度		
主原料	春雫 ／日本國產		
麴菌	麥麴（白、黑）	蒸餾方式	常壓
儲藏方式	酒槽儲藏	儲藏期間	1年以上

¥ 720ml：1,352日圓、1.8L：2,667日圓
酒廠直販／有　酒廠參觀／可

推薦酒款

散發出自然的木頭香，舒服又好喝的麥燒酎

麥燒酎 日昇 [むぎしょうちゅう ひはのぼる]

經過3年以上熟成的「日昇」，充分展現出釀酒師們的熱情與明亮的未來，除了散發出淡淡的麥香和甘甜，還能聞到微微的木頭香。

推薦飲法

¥ 720ml：1,200日圓、1.8L：2,381日圓

度數	25度	主原料	春雫 ／日本國產				
麴菌	麥麴（白）	蒸餾方式	常壓	儲藏方式	酒槽儲藏	儲藏期間	3年以上

● 創立年：1902年（明治24年）● 酒藏主人：第4代　古屋芳高 ● 杜氏：井上聰 ● 從業員數：9人
● 地址：鹿兒島県薩摩川內市祁答院町藺牟田2728-1 ● TEL：0996-31-8115　FAX：0996-31-8115

味道洗練的麥燒酎，非常適合搭配香草料理

一粒麥

［ひとつぶのむぎ］
鹿兒島縣日置市 西酒造
http://nishi-shuzo.co.jp

酒名來自於聖經當中「雖然只是一粒麥子，但只要落在地裡便能冒芽然後豐收」所說的這一段話。西酒造開創了芋燒酎新時代並且帶動了燒酎的流行風潮，它同時也將這樣的造酒技術應用在麥燒酎的釀造上，而「一粒麥」便是成功開創出全新麥燒酎的一款燒酎。它使用大麥為原料，細心釀造出和芋燒酎同樣高雅而洗練的味道。優美的香氣迎面而來，接著還會有麥子鮮美又濃郁的滋味慢慢地佔據整個口腔。喝的時候，為了體驗那暢快俐落的口感，建議可以加冰塊或加水飲用，料理則可以搭配用草本植物做成的義式生魚（Carpaccio）或是香草沙拉。

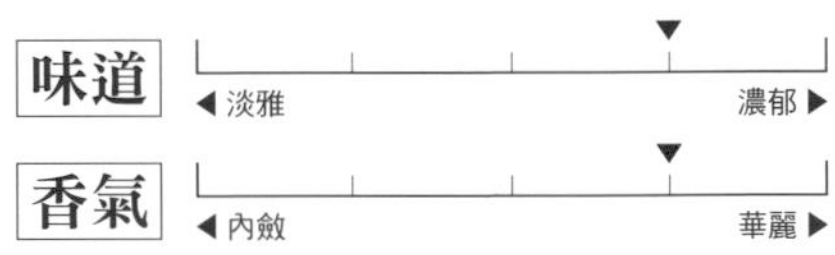

推薦飲法

度數	25度		
主原料	大麥		
麴菌	麥麴（白）	蒸餾方式	常壓
儲藏方式	酒槽儲藏	儲藏期間	3個月

¥ 720ml：1,048日圓、1.8L：2,029日圓
酒廠直販／無　酒廠參觀／不可

推薦酒款

極致好酒，請用葡萄酒杯品嚐看看
酒酒樂樂［しゃしゃらくらく］

用自家農園中土壤最優質的「Grand Cru（特級園）」所種出來的黃金千貫，以及自家農田所栽種的清酒用優質米「山田錦」所釀造而成的超限量燒酎。

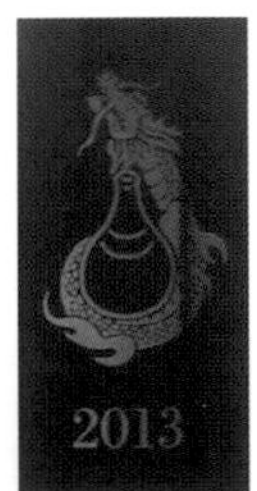

推薦飲法 

¥ 720ml：12,960日圓

度數	37度	主原料	黃金千貫（甘薯）／鹿兒島縣產				
麴菌	米麴（未公開）	蒸餾方式	未公開	儲藏方式	未公開	儲藏期間	不公開

● 創立年：1845年（弘化2年）● 酒藏主人：第5代 西陽一郎 ● 杜氏：西陽一郎 ● 從業員數：50人
● 地址：鹿児島県日置市吹上町与倉4970-17 ● TEL：099-296-4627 FAX：099-296-4260

出自芋焼酎的名家之手，釀造出香醇濃郁的好味道

佐藤 麥［さとう むぎ］

鹿兒島縣霧島市 佐藤酒造
http://www.satohshuzo.co.jp

在芋焼酎中相當受到歡迎的「佐藤」始終站穩龍頭寶座，夾帶著這股高人氣而順勢在2007年推出了這款麥焼酎。當時的想法是在不製造芋焼酎的空閒期，希望能釀造出同樣好喝的麥焼酎因而開始製造起這款酒，結果沒想到才一推出便立刻大受歡迎，讓每位焼酎迷幾乎是人手一瓶。即使到現在，這款麥焼酎仍受大批死忠酒迷們的支持。「佐藤 麥」的特色在於有著像是裸麥麵包剛烤好的香味和甘甜。此外，徹底殘留在口中的餘韻濃郁豐富也很有魅力，讓味道喝起來並非輕盈，而是感覺非常厚重。佐藤酒造特別推薦在喝的時候可以加熱水、或是只稍微加一點水然後慢慢品嚐。此外，也可以搭配家常菜中的燉煮料理一起享用。

味道 ◀淡雅 濃郁▶

香氣 ◀內斂 華麗▶

推薦飲法 ※稍微加一點水

度數	25度		
主原料	大麥／澳洲產		
麴菌	麥麴（白）	蒸餾方式	常壓
儲藏方式	酒槽儲藏	儲藏期間	約1.5～2年

¥ 720ml：1,355日圓、1.8L：2,718日圓（關東價格） 酒廠直販／無 酒廠參觀／不可

代表酒款

在背後支撐人氣酒款的日常酒

薩摩［さつま］

長期做為代表酒款的「薩摩」，它同樣也是款味道樸實又好喝的焼酎。特別是它有著溫暖又舒服的香氣，彷彿就像是剛蒸好的甘薯一樣，非常適合溫熱之後細細品嚐。

推薦飲法 前

¥ 720ml：1,145日圓、1.8L：2,300日圓

度數	38度	主原料	黃金千貫（甘薯）／鹿兒島縣全縣產				
麴菌	米麴（白）	蒸餾方式	常壓	儲藏方式	酒槽儲藏	儲藏期間	約2.5～3年

● 創立年：1906年（明治39年）● 酒藏主人：第4代 佐藤誠 ● 杜氏：佐藤誠 ● 從業員數：26人 ● 地址：鹿兒島県霧島市牧園町宿窪田2063 ● TEL：0995-76-0018 FAX：0995-76-1249

燒酎專欄

本格燒酎的多樣化「飲法」

本格燒酎的喝法最迷人的地方在於可依照自己喜好的比例來做調配，不論是加冰塊、加水、加熱水或是加蘇打水等，由於每款燒酎的個性都不同，因此喝法不同，味道與口感也會跟著變化。在九州，最典型的喝法是加熱水（湯割り）飲用。由於現在的燒酎本身的香氣都相當均衡，因此就算加水稀釋也能完全喝出酒款的個性。在加熱水時，應當先加熱水再加燒酎。將溫度大約75～80℃的熱水倒進酒杯，接著再讓燒酎沿著杯壁緩緩地流入酒杯裡。由於熱水和燒酎會因為彼此的溫差而自然產生對流，因此無須刻意攪拌調和。如此一來，散發出淡淡的迷人香氣的湯割燒酎便大功告成。加熱水時，稀釋的比例為6：4或是5：5，溫度則在40℃～45℃左右最能喝出燒酎的美味。在工作一整天之後，來杯湯割式燒酎能讓全身感到溫暖，這即是日文所謂的「ダレヤメ」，這個詞在鹿兒島指的是晚上小酌燒酎，「ダレ」的意思是疲勞，而「ヤメ」則是停止，也就是喝些燒酎來消除疲勞的意思。

將事先加水
調和過的燒酎溫熱，
然後慢慢地倒入杯裡，

能讓味道更顯現出
燒酎的個性，
喝起來更加圓潤。

（湯豆腐權兵衛）

湯どうふ ごん兵衛

取材協力／湯豆腐 權兵衛
鹿兒島市東千石町8-12 tel：099-222-3867

鹿兒島的「湯豆腐 權兵衛」，芋燒酎加水後放在店裡的地下室約一週會將使味道更加調和。

放置1週的燒酎如果不夠了，他們會再繼續倒進燒酎的溫酒杯裡並且加熱。

「事先加水」可讓燒酎的個性更有變化

將燒酎事先加水稀釋，然後放置約1週後才飲用，這種飲法在日本稱為「前割（まえわり）」。加水時，最好是用軟水質的礦泉水，至於燒酎和水的比例基本上是6：4。在飲法上，溫熱之後能使香氣和味道更加明顯。此外，燒酎事先加水後即使再加冰塊也很好喝，而且味道會比一般直接加冰塊飲用感覺更滑順舒服。事先加水後的燒酎，如果放在陰涼處並以常溫保存可使味道更加圓潤柔順。加水並放置約1週，然後在喝之前再放進冰箱冷藏，那麼會讓燒酎喝起來更加極致。

專為事先加水稀釋用的燒酎瓶，容量為1公升，在瓶身標有6：4以及5：5的刻度。

享受本格燒酎的各種飲法

直接飲用	這種飲法在日文又稱為「生（き）」，適合用利口酒杯或是烈酒杯慢慢飲用。
加冰塊	在酒杯裡加滿冰塊，靜靜地將燒酎倒入杯內，然後用攪拌棒沿著杯緣來回攪拌。
加水	因水的比重較重，所以先倒燒酎後加水。加水的飲法能夠讓燒酎的風味更加延伸。
加熱水	先倒熱水後燒酎。加熱水會讓味道更加圓潤順口，喝過之後保證上癮。
加蘇打水	聚會喝酒時不一定要每次都先點啤酒，試試加蘇打水的燒酎可能會更棒。
溫熱後加冰	將燒酎加熱到40℃左右，然後將燒酎慢慢地倒進裝有冰塊的酒杯裡。
加碎冰	將烈酒杯裝多一點的碎冰，然後將燒酎慢慢地倒進去，餐後酒適合這種飲法。
冷凍酒	最棒的餐後酒是將整瓶燒酎放進冷凍庫裡放著，喝起來味道相當細緻，就像是渣釀白蘭地一樣。

請參考下表以找出適合自己的稀釋比例

如果燒酎的酒精濃度為25度

燒酎	水或熱水	酒精濃度
7	3	17.5%
6	4	15%
5	5	12.5%
4	6	10%
3	7	7.5%

如果燒酎的酒精濃度為35度

燒酎	水或熱水	酒精濃度
6	4	21%
5	5	17.5%
4	6	14%
3	7	10.5%
2	8	7.5%

用來釀造和稀釋的水源全部都是來自霧島山系中的川原溪谷地下水，因此燒酎才會喝起來如此美味（國分酒造）。

燒酎專欄

本格燒酎與「水」的關係

不只是燒酎，任何酒類在製造時都不能沒有水。決定燒酎味道的不只是所謂的甘薯、麥或者米等原料，「水」更是燒酎在釀造時所不可或缺的東西。燒酎的成分大約有7～8成是水，剩下的2～3成則是酒精。因此，如果說造酒時所用的水才是影響燒酎味道的關鍵，這其實一點都不算言過其實。釀造燒酎的酒廠，其所在地區通常一定都會有水質相當優良的河川或是地下水脈，而且其中大多是屬於礦物質含量少的優質軟水。在享受本格燒酎時，基本上都會習慣加水或熱水喝，雖然加礦泉水也不錯，但如果加的是礦物質成分少的軟水，則可以讓燒酎的味道更加圓潤順口。此外，最近還有酒廠推出以釀造時所用的水源來做為稀釋的「藏割」燒酎，有機會的話請務必品嚐看看。

許多人前來汲水，除了用來做為喝燒酎時所加的熱水之外，還可以當做飲用水、或料理之用。

米

以米為主要原料。
主要產地是熊本縣的球磨地區和日本全國各縣。
用日本人的主食所釀造出的燒酎之王。

比日本酒更加淡雅的「米燒酎」

在日本的飲食生活當中，米扮演著最重要的角色。事實上，米不僅僅被當做是主食，它同時也是製造日本酒、燒酎的原料而倍受重視。許多燒酎會先用米來製麴，並以此做為基礎接著再添加甘薯、麥、黑糖等原料來進行釀造，至於米燒酎則是100%只用米製造出來的燒酎。目前，日本全國各地的日本酒廠都有在製造米燒酎，而在這當中，又以位於九州、土地極為肥沃的熊本縣人吉・球磨地區所生產的球磨燒酎最為出名。由豐盛的米和球磨盆地的優質水源所釀製而成的球磨燒酎，在1995年時甚至還獲得了WTO（世界貿易組織）的產區地理標示之認可。

優質的米燒酎，不但有著與日本酒相同的華麗香氣，口感有時甚至還會比日本酒更加細緻淡雅。在這當中，有些還會用山田錦等酒造好適米來進行釀造，而讓味道喝起來簡直就和吟釀酒一樣。此外，現在也有越來越多的酒廠正努力嘗試用各種嶄新的方法來釀製燒酎，例如以常壓蒸餾再加上長期熟成、使用吟釀酵母，或用全麴釀造等，進而讓人對於米燒酎的未來充滿期待與想像。

熊本縣 日本3大急流之一的「球磨川」

From wikimedia Commons / File:Kumagawa Shiroishi.jpg Author:Bakkai at the Japanese language Wikipedia License=CC BY-SA 3.0

清爽而無雜味的特殊純米燒酎

特酎天草［とくちゅうあまくさ］

熊本縣天草市 天草酒造
http://ikenotsuyu.com

明治32年，初代酒藏主人平下榮三以芋燒酎「池露」成立了這間天草酒造。後來由於用減壓蒸餾而成的米燒酎逐漸受到歡迎，因此酒廠在昭和55年的時候停止生產芋燒酎，並轉為製造純米燒酎「天草」，之後又在平成18年重新恢復生產「池露」。天草的四周由有明海、八代海以及天草灘海域所環繞，這裡有著非常多種的海產與其他豐富的自然資源，而天草酒造的燒酎就是在這樣的地方被釀造出來的，同時也透過這些燒酎將當地迷人的文化傳達給更多的人知道。「特酎天草」使用被評定為酒造好適米的「西海134號」來製麴，因此口感相當厚重。喝的時候，能感覺到清爽微甘的果實香氣、米原本的溫和甘甜以及絕妙的後味，可說是非常出色的一款酒。

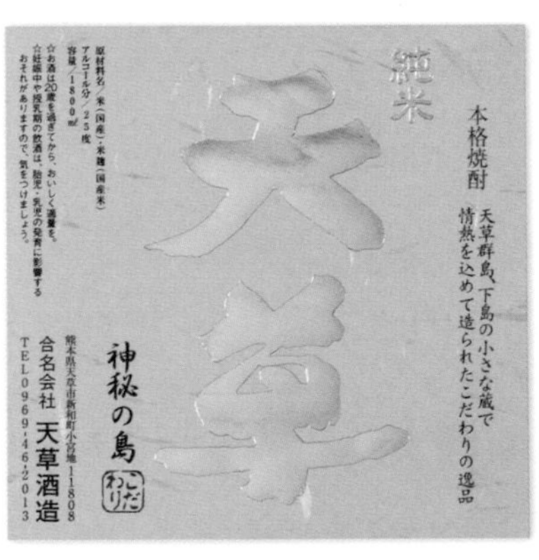

味道：◀淡雅 —— 濃郁▶

香氣：◀內斂 —— 華麗▶

推薦飲法

度數	25度		
主原料	日光米／熊本縣產		
麴菌	米麴（白）	蒸餾方式	減壓
儲藏方式	酒槽儲藏	儲藏期間	1年以上

¥ 720ml：1,105日圓、1.8L：2,200日圓
酒廠直販／無　酒廠參觀／不可

代表酒款

睽違1/4個世紀，終於復甦的傳統味道
池露［いけのつゆ］

睽違26年而在平成18年又重新開始製造的芋燒酎。使用傳統的器具，全程採手工釀製，不但口感很好，甚至還能感覺到舒暢的甜味在口中散開。

推薦飲法

¥ 720ml：1,257日圓、1.8L：2,524日圓

度數	25度	主原料	黃金千貫（甘薯）／鹿兒島縣產				
麴菌	米麴（黑）	蒸餾方式	常壓	儲藏方式	酒槽、酒甕	儲藏期間	1年以上

● 創立年：1899年（明治32年）● 酒藏主人：第4代　平下豐 ● 杜氏：平下豐 ● 從業員數：9人 ● 地址：熊本県天草市新和町小宮地11808 ● TEL：0969-46-2013　FAX：0969-46-2802

以熊本縣球磨川流域、人吉市及其周邊地區所產的米為原料所製造出來的燒酎，已獲WTO（世界貿易組織）的產區地理標示之認可。

創業190多年所培育出的古早味

譽露 [ほまれのつゆ]

熊本縣人吉市 深野酒造
http://www.fukano.co.jp

深野酒造創業於文政六年（1823年），初代酒藏主人深野時次出身於福岡的久留米，據說他原本是那裡的御用商人※，而當時的久留米領主則是築前的黑田氏。時次為了採購米因此經常出入人吉・球磨（當時的相良藩），在這過程當中，他被人吉盆地所盛產的米、優質的水源以及冬季冰涼的氣候所深深吸引，再加上當時相良藩舉全藩之力推廣燒酎和清酒的製造，因而讓他決定將整個家族遷到此地。「譽露」在發酵冷卻時也是全採人工作業；此外，他們還特別使用傳統的「酒甕釀造」來製造燒酎，因而讓味道喝起來特別圓潤滑順。這款酒的香氣芳醇且風味迷人，同時還能享受到那令人懷念的球磨燒酎香氣。

※御用商人：日本幕府時代，負責物資調度的特權商人

味道 ◀淡雅 濃郁▶

香氣 ◀內斂 華麗▶

推薦飲法

度數	25度		
主原料	MIZUHOCHIKARA（ミズホチカラ）／地方產		
麴菌	米麴（黑）	蒸餾方式	常壓
儲藏方式	酒甕儲藏	儲藏期間	1～2年以內

¥ 720ml：1,200日圓、1.8L：1,900日圓
酒廠直販／有　酒廠參觀／可

代表酒款

高雅的吟釀香氣，廣受世界好評

彩葉 [さいば]

使用最接近日本酒的麴菌，在冬季進行釀造而成的米燒酎。其特色在於有著淡淡高雅的吟釀香與舒服暢快的口感，曾在2000年、2001年連續榮獲國際品質評鑑金獎。

推薦飲法 

¥ 720ml：1,100日圓、1.8L：2,100日圓

度數	25度	主原料	米／日本國產				
麴菌	米麴（白）	蒸餾方式	減壓	儲藏方式	酒槽儲藏	儲藏期間	1年

● 創立年：1823年（文政6年）● 酒藏主人：第7代 深野秀陸 ● 杜氏：油井聰 ● 從業員數：13人
● 地址：熊本県人吉市合ノ原町333 ● TEL：0966-22-2900 FAX：0966-22-2982

高酒精濃度的初餾才有的醇厚，顛覆燒酎觀念的新滋味

杜氏 絹子 ［とうじ きぬこ］

熊本縣人吉市 壽福酒造場

壽福酒造前面的薩摩街道過去曾經是熊本通往鹿兒島的唯一道路，據說在西南戰爭時薩摩軍曾經來過這裡。壽福酒造自創立以來便一直位於此地，他們使用從前的常壓蒸餾來製造出味道豐富的燒酎，雖然遵循傳統並以此為傲，但是同時也正試圖開創其他新的可能。其中，「杜氏 絹子」便是一個最好的例子。這款米燒酎擷取初餾裝瓶，因此有著相當清晰的甘甜與果香，喝之前可以先放在冷凍室冰過以享受那舌尖上的滑潤。雖然這種飲法以燒酎來說還算滿特別的，不過如果是琴酒倒是還滿常見的，喝時可以在餐後用小酒杯小口小口地慢慢享受。

推薦飲法 ※用冷凍庫冰鎮

度數	44.3～44.9度		
主原料	米／熊本縣產		
麴菌	米麴（白）	蒸餾方式	常壓
儲藏方式	酒槽、酒甕	儲藏期間	2年

¥ 720ml：3,400日圓

酒廠直販／有　酒廠參觀／可

代表酒款

米燒酎才有的柔順滋味

武者返25°［むしゃがえし25°］

此燒酎100%使用當地所產的日光新米，完全純手工釀製，其特色在於有著淡淡的甘甜和醇厚，喝起來非常舒服。飲用時建議可溫熱後再加碎冰享用。

推薦飲法 ※溫熱後加冰

¥ 720ml：1,250日圓、1.8L：2,200日圓

度數	25度	主原料	米／當地產				
麴菌	米麴（白）	蒸餾方式	常壓	儲藏方式	酒槽、酒甕	儲藏期間	2年

● 創立年：1890年（明治23年）● 酒藏主人：第4代 壽福絹子 ● 杜氏：吉松良太 ● 從業員數：4人
● 地址：熊本県人吉市田町28-2 ● TEL：0966-22-4005 FAX：0966-22-4037

【杜氏】釀酒的最高負責人，在整個製酒作業中握有決定權，並處於指導地位。過去在日本每個地方都有所謂的杜氏集團，不過近年來如果是燒酎廠則通常都是由酒藏主人直接兼任。

甘薯（黑麴） 甘薯（白麴） 甘薯（黃麴） 甘薯（原酒・酒頭・無過濾） 麥 米 黑糖 泡盛（新酒） 泡盛（古酒） 其他

用明治時期的手法重現古早的球磨燒酎

明治波濤歌

［めいじはとうか］
熊本縣人吉市 大和一酒造元
http://www.yamato1.com

大和一酒造元在昭和27年接收了建於明治31年的老酒廠並重新展開營運，這間酒廠的麴室是以前所留下來的石室，那裡頭的天花板和門是用栗木所做成的，而隔熱材則是來自穎殼。大和一酒造元除了推出溫泉燒酎或是牛奶燒酎等在其他地方看不到的新燒酎之外，同時也將逐漸消失的傳統燒酎重新恢復生產並做成商品販售，而「明治波濤歌」正是後者的代表之一。在麴菌方面，他們模仿明治時期的製酒方式，使用以玄米所培育出來的黃麴；至於蒸餾則是採用最原始的方法：燒柴火讓酒醪蒸發，接著用明治時期所使用的兜釜來進行冷卻，最後再以竹筒來萃取出酒液。用這種方式所製造出來的燒酎，味道深沉香醇，同時還會散發出一股讓人感覺相當舒服的玄米香。喝的時候，非常適合搭配像是煮芋頭或是燉雞肉等日本傳統料理。

味道 ◀淡雅 濃郁▶

香氣 ◀內斂 華麗▶

推薦飲法 前

度數	35度		
主原料	玄米／熊本縣人吉產		
麴菌	玄米麴（黃）	蒸餾方式	兜釜式
儲藏方式	酒甕儲藏	儲藏期間	1年

¥ 720ml：3,500日圓

酒廠直販／有　酒廠參觀／可

推薦酒款

使用溫泉水，對身體相當溫和的燒酎

溫泉燒酎 夢［おんせんしょうちゅう ゆめ］

從釀造到稀釋全部使用酒廠內所湧出的溫泉水。這款酒有著清爽的香氣和柔順的口感，飄飄然的微醺讓人覺得非常舒服。此外，它的酒質呈現弱鹼性，是款對身體相當溫和的燒酎。

推薦飲法

¥ 720ml：1,150日圓、1.8L：1,960日圓

度數	25度	主原料	米／日本國產				
麴菌	米麴（白）	蒸餾方式	減壓	儲藏方式	酒槽儲藏	儲藏期間	半年～1年

● 創立年：1952年（昭和27年）● 酒藏主人：下田文仁 ● 杜氏：迫田賢二 ● 從業員數：6人 ● 地址：熊本県人吉市下林町2144 ● TEL：0966-22-2610 FAX：0966-22-2660

擁有數百年歷史的酒廠所釀製出的新口味，味道出色讓人印象深刻

吟香 鳥飼

［ぎんか とりかい］
熊本縣人吉市 鳥飼酒造
http://torikais.com

將這款酒仔細冰過，接著用礦泉水依5：5的比例稀釋，如果端出來的時候什麼都不說，相信很多人都不會發現這是燒酎，甚至一定有不少人會誤以為這是款清爽俐落的吟釀酒才對。這款酒並沒有燒酎那種特殊的酒精味，喝的時候會感覺到一股蘋果熟透般的香醇芬芳綻放開來，味道透露著微微甘甜，口感從頭到尾都很柔順。「鳥飼」所使用的酒造好適米「五百萬石」，其精米的程度就和日本酒中的大吟釀一樣都到達了58%，接著還使用經過多年研究且由自家培育出來的黃麴和酵母來進行釀造，最後再將酒醪以減壓的方式蒸餾出酒液，用這些方法來製酒，因而才能讓這款燒酎表現的如此出色。

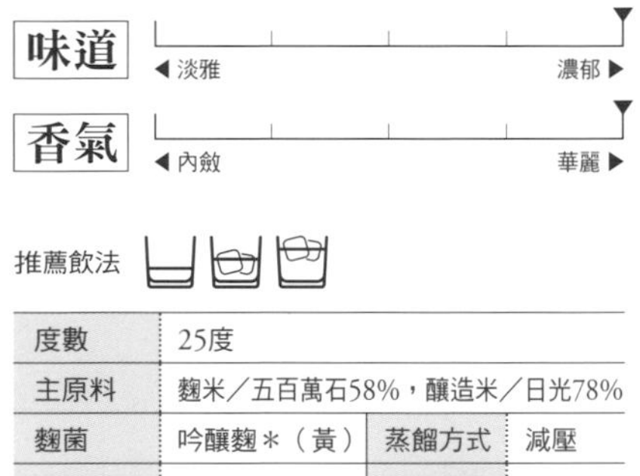

度數	25度		
主原料	麴米／五百萬石58%，釀造米／日光78%		
麴菌	吟釀麴＊（黃）	蒸餾方式	減壓
儲藏方式	酒槽儲藏	儲藏期間	1年

＊吟釀麴＝酒造好適米／五百萬石58%精米

¥ 720ml：1,800日圓　酒廠直販／有　酒廠參觀／不可

鳥飼酒造的創立年份雖然不清楚，但是在1800年的時候就已經有製造清酒和燒酎的相關記載。接著在1974年，現任的酒藏主人鳥飼和信在接手之後而讓鳥飼酒造展開了全新的一頁。他為了追求自己理想的燒酎，據說耗費了15年以上的時間在相關的研究上。

● 創立年：江戶末期 ● 酒藏主人：鳥飼和信 ● 杜氏：鳥飼和信 ● 從業員數：15人 ● 地址：熊本県人吉市七日町二番地 ● TEL：0966-22-3303 FAX：0966-22-7947

【櫂入】為了能均勻發酵，因此用木棒攪拌酒母以及酒醪的一種製酒作業。

味道深沉無以倫比，閃閃發亮的儲藏熟成酒

［えん］
熊本縣球磨郡 六調子酒造

六調子酒造是間專門製造常壓蒸餾儲藏熟成酒的酒廠，他們花了將近一整個世紀的時間來鑽研儲藏技術，不但在釀造以及蒸餾時皆以儲藏熟成為前提，在酒桶儲藏室裡甚至還裝有空調以打造出和蘇格蘭高地相同的環境條件。在這裡，他們有超過50台裝著老酒和熟成酒的儲藏槽，儲藏量之豐富，相當令人引以為傲。而在喝「圓」這款酒時，首先會出現一股淡淡的甘甜，然後隨即散發出沉穩又迷人的熟成香氣，最後在餘韻的部分則能清楚地感覺到濃郁的米香殘留。香醇濃厚的滋味充滿深度，在豐富的原料特性以及紮實的甘甜之中又帶著辛辣以及苦澀，讓整體的味道保持在完美的平衡狀態，喝法不同，味道也跟著千變萬化。

味道　◀淡雅　濃郁▶

香氣　◀內斂　華麗▶

推薦飲法　※調酒以外皆可

度數	40度		
主原料	米		
麴菌	米麴（白）	蒸餾方式	常壓
儲藏方式	酒槽儲藏	儲藏期間	10～12年

¥ 720ml：3,714日圓
酒廠直販／有　酒廠參觀／不可

推薦酒款

費盡心血所釀造出的豐富滋味
特吟 六調子［とくぎん ろくちょうし］

在第二次釀造時加入黃麴使味道更加甘甜，接著利用常壓蒸餾，最後再經過長時間的熟成。這款酒的味道豐富圓潤，香氣迷人，渾然成一體的絕妙調和，可說是儲藏熟成酒的精彩傑作。

推薦飲法

¥ 720ml：2,224日圓

度數	35度	主原料	米				
麴菌	米麴（白、黃）	蒸餾方式	常壓	儲藏方式	酒槽儲藏	儲藏期間	長期

● 創立年：1923年（大正12年）● 酒藏主人：第4代 池邊道人 ● 杜氏：中村徹 ● 從業員數：4人
● 地址：熊本県球磨郡錦町西1013 ● TEL：0966-38-1130　FAX：0966-39-2464

傳統手工釀造，精心少量生產

山螢 ［やまほたる］

熊本縣球磨郡 高田酒造場
http://www.takata-shuzohjyo.co.jp

高田酒造場位在由熊本縣南部的群山所包圍、自然景觀相當豐富的球磨盆地，附近還有日本三大急流之一的球磨川經過。高田酒造在這裡所生產的球磨燒酎完全是手工釀造，他們抱著「因為酒廠小，所以才辦得到」的信念，在這個可說是球磨地區最古老的石造製麴室裡，用著從創業之初一直留傳至今的酒甕，細心而少量地生產著燒酎。此外，為了讓飲者能夠喝到好喝又使人安心的燒酎，酒廠所使用的原料全部是日本的國產米（主要是人吉・球磨產）。使用750L的小型蒸餾器所製造出來的「山螢」，在酒醪的溫度管理以及蒸餾時間的控制上非常講究，除了散發出有如日本酒中的吟釀酒那樣非常豐富滋潤的芳醇香氣，還能微微地感覺到米香，喝起來十分舒服暢快。

味道 ◀淡雅 —— 濃郁▶

香氣 ◀內斂 —— 華麗▶

推薦飲法

度數	25度		
主原料	米、酒粕／日本國產		
麴菌	米麴（白）	蒸餾方式	減壓
儲藏方式	酒槽儲藏	儲藏期間	1年

¥ 720ml：1,600日圓、1.8L：3,400日圓
酒廠直販／有　酒廠參觀／可

代表酒款

對米的美味特別注重的長期熟成酒
秋穗［あきのほ］

使用自家栽種的山田錦。釀造時，會用較多的米麴以確實地表現出米的美味與複雜度，接著再透過長期熟成使味道更圓潤舒服。

推薦飲法

¥ 720ml：2,600日圓、1.8L：6,000日圓

度數	25度	主原料	山田錦／自家產				
麴菌	米麴（白）	蒸餾方式	常壓	儲藏方式	酒甕儲藏	儲藏期間	5～8年

● 創立年：1902年（明治35年）● 酒藏主人：第4代　高田啟世 ● 從業員數：6人 ● 地址：熊本県球磨郡あさぎり町深田東756 ● TEL：0966-45-0200　FAX：0966-45-0469

【第二次釀造】將第一次所釀造出來的酒醪加入蒸熟過的主原料（甘薯、麥、米、黑糖等），接著和水一起攪拌的製酒作業。通常以25～30度的溫度讓它發酵8～10日。

承接球磨燒酎的歷史，味道香醇濃厚的米燒酎

熊本城［くまもとじょう］

熊本縣球磨郡 林酒造場

上球磨地區緊鄰著綠意盎然的九州山地，而林造酒場就位在球磨川上游的湯前町，他們是從江戶中期就一直存在至今的酒藏。每當國家公園市房山開始積雪，便是酒廠準備進入釀造階段的時候，度過一年之中最寒冷的時期之後，隨著春天腳步的到來，而新酒也就大功告成。目前守護酒廠傳統味道的，是第14代的酒藏主人和杜氏這對兄弟，他們不但活用了在創業時期便有的井水以及所傳承下來的技術，同時也融合了新的方式來製酒。「熊本城」是款用常壓蒸餾，接著再用舊櫟木桶慢慢地經過3年以上的儲藏才得以完成的米燒酎，透過這樣的方式製酒，會產生一股相當舒服的木桶香氣，再加上米那自然又豐富的味道以及濃郁又美妙的滋味，因此總讓飲者感覺心情非常放鬆。喝的時候，適合搭配燉蔬菜等料理。

度數	25度		
主原料	米／日本國產		
麴菌	米麴（白）	蒸餾方式	常壓
儲藏方式	櫟木桶儲藏	儲藏期間	3年以上

¥ 720ml：1,559日圓

酒廠直販／有　酒廠參觀／不可

代表酒款

由好米以及球磨盆地所孕育出的極樂滋味

極樂 常壓長期儲藏［ごくらくじょうあつちょうきちょぞう］

細心地將酒醪熬煮出複雜度與美味，並使用創業時留傳下來的水井裡所冒出的水源，因而使得這款燒酎濃縮了米的精華，讓人能好好地享受味道與香氣所帶來的圓潤感。

推薦飲法

¥ 720ml：921日圓、1.8L：1,862日圓

度數	25度	主原料	米／日本國產				
麴菌	米麴（白）	蒸餾方式	常壓	儲藏方式	酒槽儲藏	儲藏期間	3年以上

● 創立年：江戶中期 ● 酒藏主人：第14代　林展弘 ● 杜氏：林泰廣 ● 從業員數：2人 ● 地址：熊本縣球磨郡湯前町下城3092 ● TEL：0966-43-2020　FAX：0966-43-4048

歌謠中的伊人所留傳下來的傳統味道

文藏2005

［ぶんぞう2005］
熊本縣球磨郡 木下釀造所

熊本有首民謠叫「六調子」，歌詞裡面有段是這樣寫的：「鄉下的財主進城來……多良木的文藏爺」，而這裡的文藏指的便是木下釀造所的創立者。木下釀造所位在熊本縣南部的多良木町，從球磨川流經的人吉盆地、人吉市往東約20公里左右。他們在這裡以文藏做為燒酎的酒名，持續製造著與創業當時相同的燒酎。「文藏」遵循手工製麴、酒甕釀造等古早製法，並採用由先人的智慧與經驗所傳承下來的傳統常壓蒸餾。依照稀釋的程度，分別將酒精濃度調整成40度、35度、25度，接著再一瓶一瓶地手工裝瓶，而這款「文藏2005」則是酒精濃度25度的長期儲藏燒酎，味道圓潤沉穩，相當好喝。

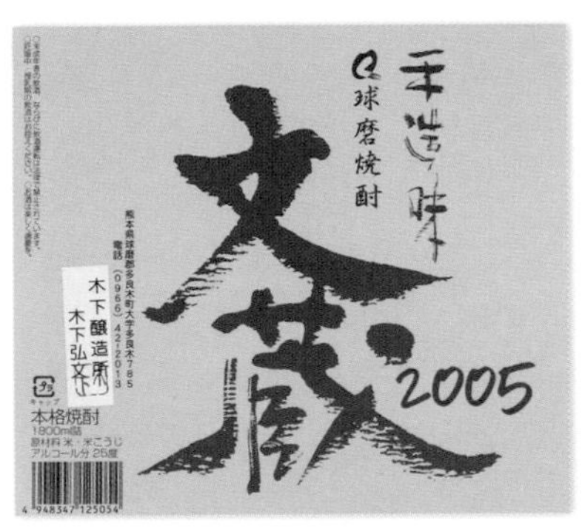

味道：◀淡雅 — 濃郁▶
香氣：◀內斂 — 華麗▶

推薦飲法

度數	25度		
主原料	米／日本國產		
麴菌	米麴（白）	蒸餾方式	常壓
儲藏方式	酒槽儲藏	儲藏期間	10年

¥ 1.8L：2,400日圓
酒廠直販／有　酒廠參觀／可

代表酒款

用地下水所釀造出的柔順口感

文藏［ぶんぞう］

這酒可說是「文藏」的基本款，不但香氣芬芳而且口感柔順，可以隨時放在身邊，然後在平日好好地小酌一番。

推薦飲法

¥ 720ml：1,030日圓、900ml：1,080日圓、1.8L：2,060日圓

度數	25度	主原料	米／日本國產				
麴菌	米麴（白）	蒸餾方式	常壓	儲藏方式	酒槽儲藏	儲藏期間	1～2年

● 創立年：1862年（文久2年）● 酒藏主人：木下弘文 ● 杜氏：木下好弘 ● 從業員數：4人 ● 地址：熊本県球磨郡多良木町多良木785 ● TEL：0966-42-2013 FAX：0966-42-5457

遵循傳統釀造，單傳且少量生產的味道

球磨之泉 常壓蒸餾原酒

［くまのいずみ じょうあつじょうりゅう げんしゅ］
熊本縣球磨郡 那須酒造場

使用傳統麴蓋培育出細緻的麴菌，並在保溫性高以及通風良好、適合自然發酵的酒甕裡進行釀造，最後再仔細地經過長時間的儲藏熟成。那須酒造場遵循創業之初所單脈相傳的傳統製法，用球磨當地產的米為原料，不靠機器只憑釀酒師的感覺與累積多年的經驗做判斷，在製酒時每個環節絕不馬虎，對手工製酒的方法非常講究。「球磨之泉 常壓蒸餾」這款原酒透過將酒精濃度用水稀釋到25度，讓這款酒的味道更香，並洋溢著米本身所散發出的淡淡香氣。喝的時候能感覺到原酒才有的美味與濃郁，以及透過熟成所帶來的甘甜與飽滿的圓潤口感。雖然飲法不拘，不過建議可以搭配起司等小點心或下酒菜，然後好好地享受這美妙的滋味。

味道 ◀淡雅 濃郁▶

香氣 ◀內斂 華麗▶

推薦飲法

度數	41度		
主原料	米／熊本縣球磨產		
麴菌	米麴（黑）	蒸餾方式	常壓
儲藏方式	酒槽儲藏	儲藏期間	3年以上

¥ 720ml：2,236日圓、1.8L：3,370日圓
酒廠直販／有　酒廠參觀／可

代表酒款

適合每日飲用的餐中酒
球磨之泉 常壓蒸餾［くまのいずみ じょうあつ じょうりゅう］

洋溢著米本來就有的鮮美、複雜度、甘甜以及圓潤的滋味，均衡度高而百喝不膩。適合搭配所有的肉類料理或燒烤、燉煮等入味紮實的料理。

推薦飲法

¥ 720ml：1,232日圓、1.8L：2,130日圓

度數	25度	主原料	米／熊本縣球磨產				
麴菌	米麴（白）	蒸餾方式	常壓	儲藏方式	酒槽儲藏	儲藏期間	3年以上

● 創立年：1917年（大正6年）● 酒藏主人：那須富雄 ● 杜氏：那須雄介 ● 従業員數：3人 ● 地址：熊本県球磨郡多良木町久米695 ● TEL：0966-42-2592 FAX：0966-42-2592

堅持傳統製法超過300年，讓人感動的好酒

九代目

［きゅうだいめ］
熊本縣球磨郡 宮元酒造場

「石室手工製麴」、「木桶蒸籠蒸米」、「酒甕釀造」、「傳承單式蒸餾」。宮元酒造場約在300年前由當時第32代的相良藩主相良賴德公奉命製造燒酎，自此以來便一直遵循著這4個稱為「藏人傳承造」的傳統方法製酒至今。他們以「對原料講究，以及憑藉著所傳承下來的製酒與熟成技術來釀造出好喝的燒酎」為信念，並將大部分所生產好的燒酎不斷地進行儲藏。其中，他們的主力酒款「九代目」也是經過大約5年儲藏才得以完成的燒酎。「九代目」將手工釀造的優點發揮到極致，它不但有著清爽柔和的淡淡米香，口感也相當圓潤舒服。雜味少而味道高雅，喝起來非常順口。

味道 ◀淡雅 濃郁▶

香氣 ◀內斂 華麗▶

推薦飲法

度數	25度		
主原料	米／熊本縣球磨產		
麴菌	米麴（白）	蒸餾方式	減壓
儲藏方式	酒甕儲藏	儲藏期間	5年

¥ 720ml：1,219日圓、1.8L：2,300日圓
酒廠直販／無　酒廠參觀／不可

推薦酒款

長期熟成，令人驚奇的圓潤柔順
九代目 常壓［きゅうだいめじょうあつ］

完全沒有刺鼻的味道，喝起來相當沉穩順口。這款酒有著常壓蒸餾特有的淡淡香甜以及厚實又圓潤的口感，味道高雅舒服，讓人相當感動。

推薦飲法

¥ 720ml：1,700日圓、1.8L：3,300日圓

度數	25度	主原料	米／熊本縣球磨產				
麴菌	米麴（白）	蒸餾方式	常壓	儲藏方式	酒甕儲藏	儲藏期間	5年

● 創立年：1810年（文化7年）● 酒藏主人：第10代　宮元孝一 ● 杜氏：山本佐 ● 地址：熊本県球磨郡多良木町黒肥地790 ● TEL：0966-42-2278　FAX：0966-42-2398

【酒頭】蒸餾時，最先萃取出來的酒液。不但酒精濃度非常高，而且還含有相當豐富的香氣和味道成分。日文稱為初垂れ（はつたれ、はなたれ）或是初留（しょりゅう）。

不斷追求美味的酒藏所釀造出的精心之作

常壓日光

［じょうあつ ひのひかり］
熊本縣球磨郡 恒松酒造本店
http://www.tsunematsu-shuzo.com

球磨郡的多良木町鶴羽擁有豐富的大自然與悠久的歷史，而恒松酒造本店便是在此地細心謹慎地釀造著燒酎。在水源方面，他們只用從田園地帶的地下80m所抽取出來的天然水。至於酒款方面，他們非常積極地開發各種酒款，有用黃麴並在寒冬以低溫釀造使酒散發出吟釀香的燒酎、有使用雪莉桶儲藏熟成的燒酎、有使用自家栽種的米或是契作栽培的甘薯等100%當地產的原料所做成的燒酎，此外還有無過濾燒酎等等。「常壓日光」100%使用自家栽種的日光米，並以清酒用的黃麴菌和酵母釀造，接著採用傳統的常壓方式蒸餾，最後再經過長期儲藏熟成，可說是款在製造的過程非常仔細講究的本格燒酎。喝的時候，能直接感覺到原料所帶來的鮮美，味道圓潤而深沉。

味道 ◀淡雅 — 濃郁▶

香氣 ◀內斂 — 華麗▶

推薦飲法

度數	25度		
主原料	日光米／熊本縣球磨郡產		
麴菌	米麴（黃）	蒸餾方式	常壓
儲藏方式	酒槽儲藏	儲藏期間	9～11年

¥ 720ml：1,600日圓、1.8L：2,600日圓
酒廠直販／有　酒廠參觀／不可

代表酒款

樂天全燒酎銷售排行榜第一名
王道樂土［おうどうらくど］

使用在地農家所栽培出來的契作甘薯，並一個個仔細地用手篩選。此外，為了讓這款芋燒酎散發出豐富又溫和的香氣和自然的甘甜，因此特地採用無過濾裝瓶。

推薦飲法

¥ 720ml：1,140日圓、1.8L：1,850日圓

度數	25度	主原料	黃金千貫（甘薯）／熊本縣球磨郡產				
麴菌	米麴（黑）	蒸餾方式	常壓	儲藏方式	酒槽儲藏	儲藏期間	1年

● 創立年：1917年（大正6年）● 酒藏主人：恒松良孝 ● 杜氏：松本貴史 ● 從業員數：16人 ● 地址：熊本県球磨郡多良木町多良木1022 ● TEL：0966-42-2381 FAX：0966-42-6876

從栽種到裝瓶，過程極為仔細嚴謹

常壓 豐永藏

[じょうあつ とよながくら]
熊本縣球磨郡 豐永酒造
http://toyonagakura.sakura.ne.jp

豐永酒造在創立之初即擁有8町步（約8甲多）的自家農田，而釀酒師用來製造燒酎的米便是從這片農地所栽種出來的。此外，酒廠不斷地深化創業時的精神，並從平成2年開始與球磨當地的農家共同生產對環境友善的有機米，秉持著「用球磨米、球磨水、以及球磨的在地人」為原則，努力地釀造出好喝的燒酎。他們配合農曆並根據月亮的圓缺在自家的田地上進行栽種、割稻等農事，過程可說是相當講究謹慎。「常壓 豐永藏」有著從前米燒酎的那種美味，怎麼喝都不覺得膩，讓人能夠充分地享受到米燒酎原本的甘甜。在喝的時候，雖然直接加熱能讓味道更香更甜，不過酒藏主人最推薦的則是「溫熱酒後加冰」，也就是先將燒酎直接加熱到55℃左右，接著再倒進裝有冰塊的杯子裡，如此一來，據說能讓味道更加圓潤甘甜。

味道 ◀淡雅 濃郁▶

香氣 ◀內斂 華麗▶

推薦飲法 ※溫熱後加冰

度數	25度		
主原料	吟里米／熊本縣球磨產・森林裡的熊先生（森のくまさん）		
麴菌	米麴（白、黑）	蒸餾方式	常壓
儲藏方式	酒槽儲藏	儲藏期間	1年

¥ 720ml：1,352日圓、1.8L：2,700日圓
酒廠直販／有　酒廠參觀／不可

推薦酒款

酒如其名，宛如麥汁般的滋味

麥汁[むぎしる]

100%用日本國產的裸麥所釀造出來的燒酎。雖然說是無過濾，但是在裝瓶前會不斷地撈起浮在表面的油分，香氣「有如麥汁」以及麥味濃厚為其特色。

推薦飲法

¥ 720ml：1,181日圓、1.8L：2,362日圓

度數	25度	主原料	裸麥／日本國產				
麴菌	麥麴（白、黑）	蒸餾方式	常壓	儲藏方式	酒甕儲藏	儲藏期間	1年

● 創立年：1894年（明治27年）● 酒藏主人：第4代 豐永史郎 ● 杜氏：中村誠 ● 從業員數：6人
● 地址：熊本県球磨郡湯前町老神1873番地 ● TEL：0966-43-2008 FAX：0966-43-4354

【酒心】接在酒頭後面的酒液。在蒸餾本格燒酎時，萃取出來最多且決定燒酎味道的最重要部分。日文稱本垂れ（ほんたれ）或中垂れ（なかたれ）。

用悠久的歷史與釀酒師的感性所釀造出來的溫和滋味

紅蜻蜓之詩

［あかとんぼのうた］
宮崎縣東諸縣郡 川越酒造場

川越酒造場位於國富町，那裡從前是江戶幕府所直接管轄的土地（天領）。川越酒造場創立於江戶時代末期，據說當時曾獻酒於附近的神社寺廟，至於現存的釀造廠則是在明治末期所建造的。酒廠用來進行第一次釀造的酒甕是從大正時所留傳下來的備前燒，這些酒甕的造型和特色都各不相同。此外，由於酒廠內沒有空調設備，因此酒廠人員需依靠敏銳的感官以辨別出原料、酒甕的不同以及氣候的變化等，釀造時不仰賴機器而是以手工的方式進行。在這過程當中，特別是第二次釀造之後所採取的低溫發酵需花上4週的時間來進行，這個時候更需要憑藉釀酒師的經驗和智慧才能順利完成。「紅蜻蜓之詩」的特色在於味道豐富且口感柔順，它是款喝了會讓人內心感到溫暖的米燒酎。

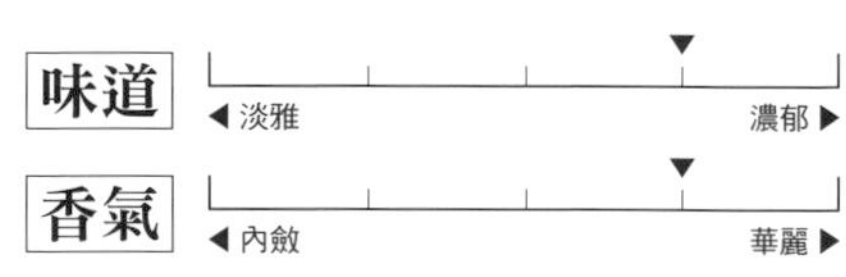

推薦飲法　※各種飲法都適合

度數	25度		
主原料	秈米／泰國產		
麴菌	米麴（白）	蒸餾方式	常壓
儲藏方式	酒槽儲藏	儲藏期間	1年以上

¥ 720ml：1,371日圓、1.8L：2,760日圓
酒廠直販／無　酒廠參觀／不可

代表酒款

用甘薯和米所做成的優質燒酎

川越［かわごえ］

將早晨剛採收的甘薯用酒甕釀造出芋燒酎，接著再和米燒酎做調和。這款酒特色在於口感柔順暢快，喝起來不但感覺輕盈，同時還能享受到紮實的美味。

推薦飲法　※各種飲法都適合

¥ 720ml：1,371日圓、1.8L：2,760日圓

度數	25度	主原料	黃金千貫（甘薯）／宮崎縣產、米／泰國產				
麴菌	米麴（白）	蒸餾方式	常壓	儲藏方式	酒槽儲藏	儲藏期間	3～12個月

● 創立年：江戶時代末期 ● 酒藏主人：川越雅博 ● 杜氏：川越雅博 ● 從業員數：7人 ● 地址：宮崎県東諸県郡国富町大字本庄4415-1 ● TEL：0985-75-2079 FAX：0985-75-5111

鬆軟舒服的感覺與清澈透明的滋味

野兔奔

[のうさぎのはしり]
宮崎縣兒湯郡 黑木本店
http://www.kurokihonten.co.jp

配合當地的風土條件與自然環境，黑木本店以「在農耕中製酒」為信念來生產燒酎，而這樣的想法不只是用在芋燒酎和麥燒酎，對於米燒酎「野兔奔」也同樣適用。在原料方面，酒廠只使用宮崎縣所產的稻米，這其中亦包含他們自己所積極生產的米。在製酒方面，酒廠有自己獨特的釀造工序，第一次是用酒甕，第二次則是用木桶來進行，接著還會經過漫長的熟成期，最後才能讓這款酒散發出舒服的香氣，就像米剛蒸熟般的蓬鬆、溫暖，喝起來味道相當透明乾淨且清新爽快。此外，這款酒還能感覺到悠長的餘韻並殘留著淡淡的甘甜，喝完之後整個身心就像被徹底療癒一般，讓人不禁發出讚嘆。這樣的酒適合搭配纖細的日式料理、或是需善用食材的魚類料理。喝的時候可以加冰塊或水，然後慢慢地仔細品嚐。

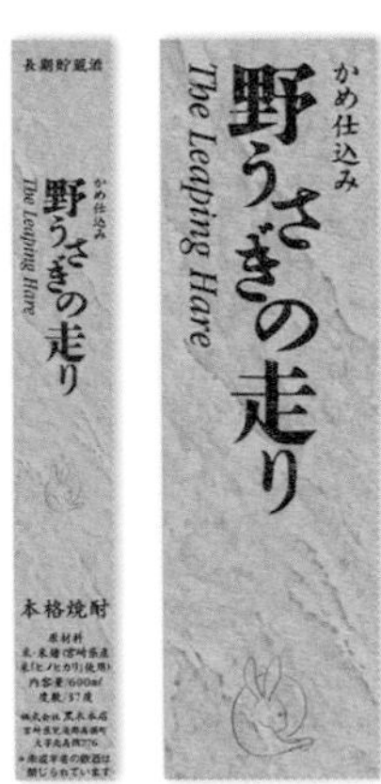

味道 ◀淡雅 —— 濃郁▶

香氣 ◀內斂 —— 華麗▶

推薦飲法

度數	37度		
主原料	日光米／宮崎縣產		
麴菌	米麴（白）	蒸餾方式	常壓
儲藏方式	酒槽儲藏	儲藏期間	3年以上

¥ 600ml：2,764日圓
酒廠直販／無　酒廠參觀／不可

推薦酒款

適合搭配纖細的高湯料理
山翡翠［やませみ］

此酒的特色在於味道有如草本植物。喝的時候能感覺舒服香甜的吟釀香撲鼻而來，而有如石灰的礦物味則讓整體的口感緊繃，適合搭配使用高湯或用鹽調理的料理，搭配生魚片也相當不錯。

推薦飲法

¥ 720ml：1,291日圓、1.8L：2,429日圓

度數	25度	主原料	花神樂米／宮崎縣產				
麴菌	米麴（白）	蒸餾方式	常壓	儲藏方式	酒槽儲藏	儲藏期間	3年以上

● 創立年：1885年（明治18年）● 酒藏主人：第4代　黑木敏之 ● 杜氏：黑木信作 ● 從業員數：32人
● 地址：宮崎県児湯郡高鍋町大字北高鍋776 ● TEL：0983-23-0104　FAX：0983-23-0105

【酒尾】酒醪繼續蒸餾則酒精濃度會慢慢下降，最後會降到大約10度左右。而這個最後階段所蒸餾出來的酒液稱為酒尾，日文則稱為末垂れ（すえだれ）。酒尾雖然香氣少，味道卻相當深沉。

本格燒酎擁有數百年歷史，而在如此悠久的歷史當中，亦有許多傳統的酒器被傳承下來。現在就讓我們來看看有哪些個性豐富且能讓這些鄉土酒更好喝的酒器。

燒酎專欄

讓燒酎喝起來更有滋味的「酒器」

充分地領會到本格燒酎的迷人之處後，接下來讓我們來看看專門用來品嚐燒酎的酒器有哪些。在九州各地有不少酒器專門用來搭配擁有數百年歷史的本格燒酎，進而讓酒席更加的多彩豐富。例如在鹿兒島，用來溫熱芋燒酎所不可欠缺的是一種叫「黑千代香」的酒器。當地的人們習慣會將加過水的燒酎裝進黑千代香裡，接著用圍爐裡的炭火加熱之後再飲用。至於熊本的「GARA」或是沖繩用來喝古酒的「KARAKARA」則是會先將酒直接倒入這種造型特殊的圓形酒壺裡，接著再用小酒杯慢慢地品嚐。此外，琉球玻璃杯據說始自於明治時期，這在沖繩的傳統工藝中屬於比較新興的領域，用它來喝泡盛非常適合。至於其他比較特別的還有沖繩的「教訓茶碗（又稱為腹八分茶碗）」，將酒倒太滿就會全部流光，簡直就像是在喝酒時會提醒我們不要過量的一種酒器。

琉球玻璃杯（沖繩）

沖繩的玻璃吹製技術據說是在明治時期由長崎和大阪的玻璃師傅所傳來的，這種玻璃酒杯散發著手工才有的樸質溫暖，用它來喝加著冰塊的泡盛感覺會很棒（fuzo）。

薩摩切子（鹿兒島）

幕府末期在薩摩藩曾短暫地生產刻花玻璃杯，目前則有復刻杯。薩摩切子有著纖細的美麗刻紋，用它來喝加著冰塊的燒酎感覺相當特別（鹿兒島ブランドショップ・薩摩びーどろ工芸）。

黑千代香（鹿兒島）

薩摩燒酒器。燒酎加水後，接著用日式傳統圍爐來將它加熱飲用。日文漢字有時也會寫成「黑茶家」（國分酒造）。

GARA與CYOKU（熊本）

源自沖繩的KARAKARA酒壺。將純米燒酎裝入後加熱，接著再倒進小酒杯中慢慢品嚐（內藤商店）。

KARAKARA（沖繩）

泡盛用的酒壺。裡面裝有陶製圓球，酒壺空的時候會發出喀拉喀拉的聲音，據說這是它名字的由來（fuzo）。

加熱水用的酒杯（鹿兒島）

在杯子內側有畫線，先將熱水倒滿至下面的線，再將燒酎倒滿至上面的線，如此一來稀釋的比例便是5：5（國分酒造）。

SORAKYUU（鹿兒島）

名字的由來是指酒一倒進來就得立刻喝光的意思，這種酒杯有的還會開孔需喝得更快。

教訓茶碗（沖繩）

經過特殊設計的一種酒杯，將酒倒超過滿線時，裡面的酒會全部漏光。自古便已流傳到石垣島上（fuzo）。

抱瓶（沖繩）

用來裝泡盛的一種可攜式酒壺。陶製，左右兩耳繫繩後可置於肩或腰上隨身帶著行走（fuzo）。

古酒用的KARAKARA（沖繩）

將罈裝泡盛或是珍貴的泡盛古酒先直接裝入，接著再移到小酒杯裡慢慢地品嚐（內藤商店）。

溫酒器具組（鹿兒島）

加熱用的溫酒壺。打開酒壺裝進熱水，接著再將事前稀釋過的燒酎裝入酒壺，然後重新溫熱（國分酒造）。

正在蒸餾中的木桶蒸餾器。木桶蒸餾器必須要夠堅固才能承受蒸氣的高溫和酒醪的重量，此外對於氣密性也相當要求，必須不讓蒸氣和酒醪外漏（白金酒造）。

燒酎專欄

日本的傳統工藝「木桶蒸餾器」

日本仍在製作燒酎用的傳統木桶蒸餾器的，目前只剩住在鹿兒島曽於市大隅町的津留安郎先生一人。安郎先生的父親（1935～2014年）是木桶蒸餾器的製作師傅，他在2011年被選為現代名工，並於2012年獲頒黃授褒章，同時也是帶動燒酎流行熱潮的背後推手之一。2008年安郎先生開始拜自己的父親為師，最後終於成為一位能不靠釘子、完全只用杉木和唐竹來製造出蒸餾器的專業職人。「如果蒸氣一進來，木板就會膨脹，因此必須要用樹齡達80以上的杉木來製作衫板，這樣才會夠密」他說。雖然木桶蒸餾器的使用壽命很短，大約只有5～6年，但是用這種蒸餾器製造出來的燒酎原酒會有一股濃郁的香甜和圓潤的口感，非常迷人，因此有很多酒廠都希望能用這種蒸餾器來製酒，不過可惜的是目前能做得出木桶蒸餾器的僅有他一人而已。製作一台木桶蒸餾器大概要花2個月的時間，而目前在鹿兒島縣有在使用這種蒸餾器的酒廠大約13～14家。木桶蒸餾器也可說是日本的傳統工藝之一，安郎先生的父親將這項製作技藝傳承給他，相信未來本格燒酎即使不斷地進化改變，木桶蒸餾器仍將扮演相當重要的角色。

先用木桶蒸餾器蒸餾，接著再經過冷卻機冷卻後便成了神聖的原酒。一點一滴慢慢地流出，散發出甘薯香甜濃郁的滋味！

取材協力／津留安郎　攝影／松隈直樹

黑糖

主要原料是甘蔗做成的黑糖，
主要產地則是鹿兒島縣的奄美群島。
釀造時，必須使用米麴。

歷史曲折的奄美群島「黑糖燒酎」

奄美群島曾經隸屬於琉球王國和薩摩藩，戰後則由美軍進行接管。住在這裡的島民，或是燒酎的製造都有著一段相當曲折的歷史。

黑糖燒酎的原料是甘蔗，而關於奄美群島的甘蔗栽種，則被認為大約是在400年前，由奄美大島的直川智從中國帶回3株甘蔗苗和製糖法所開始的，至於在奄美群島製造黑糖燒酎則是從江戶時期起就已經有相關的記載。昭和28（1953）年，隨著奄美群島返還日本，日本政府特別准許奄美群島能以黑糖來製造燒酎，不過條件是必須使用米麴。正式來説，黑糖燒酎的歷史才60年左右，不過其實它可是歷經了不少苦難時代的燒酎。順道一提，如果黑糖燒酎不使用米麴，那麼就成為了蘭姆酒，在酒税法上是歸類為烈酒。不過，其實也正因黑糖燒酎有加米麴，所以才讓它喝起來有著蘭姆酒所沒有的豐富口感與鮮美滋味，同時又帶著獨特又優質的甘甜。

鹿兒島奄美大島

味道香甜且入喉暢快，深受黑糖燒酎迷的喜愛

喜界島25°

[きかいじま25°]
鹿兒島縣大島郡 喜界島酒造
http://www.kurochu.jp

喜界島酒造以「在歡樂島孕育歡樂酒」為口號，每日勤奮地釀造著只有在喜界島才能製造出的好酒。他們對常壓蒸餾非常講究，同時並採用最新的技術管理，認真又仔細地生產黑糖燒酎。為了讓酒更加美味，特別重視儲藏熟成與調和的技術，並將焦點擺在什麼該留、什麼該捨，接著讓燒酎經過至少1年以上的儲藏之後，最後才做成商品上市。以「黑酎（くろちゅう）」為名而廣為人知的「喜界島」系列之中，酒精濃度25度的這款可說是喜界島酒造的代表。這款酒因為有經過熟成，所以喝的時候會感覺相當圓潤滑順，並帶著微微的甘甜，從黑糖燒酎的初學者到愛好者應該都會喜歡它的味道。

味道 ◀淡雅 ～ 濃郁▶
香氣 ◀內斂 ～ 華麗▶

推薦飲法

度數	25度		
主原料	黑糖／沖繩縣產		
麴菌	米麴（白）	蒸餾方式	常壓
儲藏方式	酒槽儲藏	儲藏期間	1年以上

¥ 900ml：1,044日圓、1.8L：1,910日圓
酒廠直販／無　酒廠參觀／可（有時會暫停參觀，需確認）

推薦酒款

傳承自島人的技法所釀造出的酒
島人傳藏［しまっちゅでんぞう］

花很長的時間慢慢地加水稀釋原酒，接著裝進酒槽裡熟成直到所加的水與酒調和成為一體。此酒的特色在於一開始會出現黑糖的味道，接著則散發出從前的那種濃郁滋味和香氣。

推薦飲法

¥ 900ml：1,189日圓、1.8L：2,177日圓

度數	30度	主原料	黑糖／沖繩縣產				
麴菌	米麴（白）	蒸餾方式	常壓	儲藏方式	酒槽儲藏	儲藏期間	1年以上

● 創立年：1916年（大正5年）● 酒藏主人：上園田慶太 ● 杜氏：上園田慶藏 ● 從業員數：27人
● 地址：鹿児島県大島郡喜界町赤連2966-12 ● TEL：0997-65-0251　FAX：0997-65-0947

用黑糖燒酎展現出喜界島的魅力

飛乃流朝日

［ひのりゅうあさひ］
鹿兒島縣大島郡 朝日酒造
http://www.kokuto-asahi.co.jp

朝日酒造是間創立至今約100年的老舖，它在當地被視為是島上的酒藏代表（シマのセーヤ）而深受愛戴。酒廠配合當地的風土氣候，從原料的製造（用有機栽培的甘蔗製造黑糖）開始，堅持秉持「日本傳統的製造精神」來製酒，並努力透過燒酎讓大家認識喜界島。抱著「希望能展翅飛向全世界」的心願而取名為「飛乃流朝日」的這款燒酎，它使用從珊瑚礁石灰岩層所湧出的地下水並採低溫發酵的方式釀造，它的特色在於香氣迷人且富含果香，味道和諧且沉穩舒服。喝的時候雖然適合搭配各種料理，不過如果能夠和燉魚或是紅燒肉等甜辣味道濃郁的料理一起享用感覺會更棒。

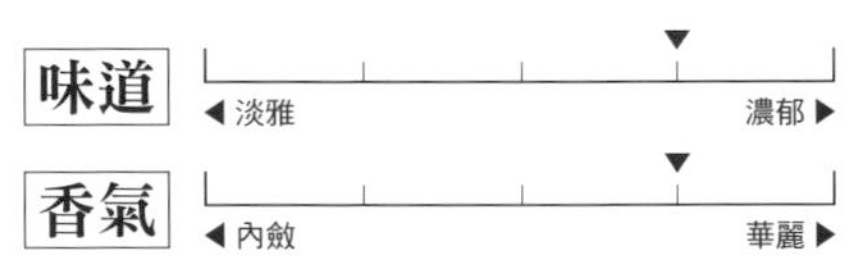

推薦飲法

度數	25度		
主原料	黑糖／鹿兒島縣奄美、沖繩縣產		
麴菌	米麴（白）	蒸餾方式	常壓
儲藏方式	酒槽儲藏	儲藏期間	1年以上

¥ 720ml：1,380日圓、1.8L：2,666日圓
酒廠直販／有　酒廠參觀／可

代表酒款

味道的變化，可說是黑糖燒酎的典範
朝日［あさひ］

冠上酒藏名的傳統燒酎。散發黑糖華麗的香氣，口感相當柔順。喝的時候能感覺到豐富的滋味和淡淡的甘甜，後味卻清爽暢快，殘留著相當舒服的餘韻。

推薦飲法

¥（島內價格）720ml（附箱子）：1,162日圓、900ml：1,000日圓、1.8L：2,029日圓

度數	30度	主原料	黑糖／鹿兒島奄美、沖繩縣產				
麴菌	米麴（白）	蒸餾方式	常壓	儲藏方式	酒槽儲藏	儲藏期間	約1年

● 創立年：1916年（大正5年）● 酒藏主人：第4代 喜禎浩之 ● 杜氏：喜禎浩之 ● 從業員數：15人
● 地址：鹿児島県大島郡喜界町湾41-1 ● TEL：0997-65-1531 FAX：0997-65-1532

冷凍後，能盡情享受黑糖才有的華奢香氣

南島的貴婦人44° [みなみのしまのきふじん44°]

鹿兒島縣大島郡 朝日酒造
http://www.kokuto-asahi.co.jp

以喜界島為生息的最北界限、身上有著黑白斑紋的「大白斑蝶」，那展翅後寬約15cm的模樣相當優雅，因而在喜界島被稱為「南島的貴婦人」。而以此為名的這款黑糖燒酎，因為使用的是原酒當中最先被萃取出的「酒頭」，所以酒精濃度相當高，喝的時候能享受到原料本來純淨圓潤的甘甜以及迷人的香氣，味道感覺相當奢華。此外，由於酒藏儘可能減少過濾，因此如果將這酒放進冷凍庫仔細地冰凍後再倒進烈酒杯裡，會看見油性的成分如雪花般地散開，在視覺上讓人相當享受。另外，飲用時也非常推薦可以將這款燒酎用冷凍庫冰鎮後再倒在香草冰淇淋上、或是做為餐後酒和水果乾、黑巧克力一起享用。

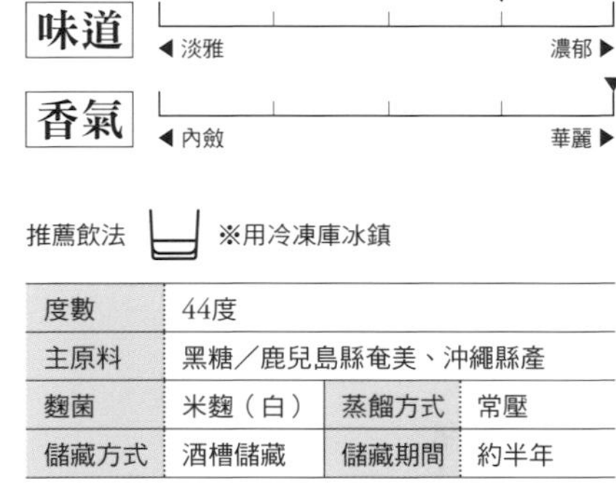

推薦飲法 ※用冷凍庫冰鎮

度數	44度		
主原料	黑糖／鹿兒島縣奄美、沖繩縣產		
麴菌	米麴（白）	蒸餾方式	常壓
儲藏方式	酒槽儲藏	儲藏期間	約半年

¥ 300ml：2,000日圓
酒廠直販／有　酒廠參觀／可

推薦酒款 真正100%的自製酒 日出國的名酒［ひいずるしまのせえ］

只使用由自家栽培的甘蔗所自製出的有機黑糖，並將原酒經過5年熟成後才裝瓶上市。由於每年釀造出來的味道都不同，因此能充分享受到各個年份所帶來的不同風味。

推薦飲法 

¥ 360ml：2,857日圓

度數	41～44度	主原料	黑糖／喜界島產（自家製）				
麴菌	米麴（白）	蒸餾方式	常壓	儲藏方式	酒槽儲藏	儲藏期間	5年

● 創立年：1916年（大正5年）● 酒藏主人：第4代 喜禎浩之 ● 杜氏：喜禎浩之 ● 從業員數：15人
● 地址：鹿児島県大島郡喜界町湾41-1 ● TEL：0997-65-1531 FAX：0997-65-1532

【蒸餾】將液體加熱至沸騰，接著將產生出來的蒸氣加以冷卻，待液化之後再進行酒液收集的一種作業。蒸餾的目的是為了分離或是萃取液體裡頭的成分，至於蒸餾的方法則有很多種。

沉穩和諧，圓潤的滋味洋溢著高級感

濱千鳥乃詩

［はまちどりのうた］
鹿兒島縣大島郡 奄美大島酒造
http://www.jougo.co.jp

昭和57年，奄美大島酒造將酒廠從原本的創業所在地遷移到龍鄉町。龍鄉町是大島紬的發源地，而這裡的水在奄美大島裡更是被認為特別好喝。在酒廠搬遷之際，奄美大島酒造將酒槽換成了不銹鋼製，同時還立下「為了衛生的管理，所有製品皆須儲藏超過2年以上」的基本方針，而「濱千鳥乃詩」便是用這樣的方式所孕育出來的夢幻酒款之一。在喝進這款燒酎的瞬間，會有一股黑糖的沉穩香甜散開來，味道中沒有太多因酒精所引起的刺激感，感覺相當順口。甘甜與辛辣之間的均衡感恰到好處，舒服沉穩的滋味讓人滿足。在水源方面，釀造時是用富含礦物質的天然地下水（硬水），而在稀釋時則是透過純水裝置將水質變成軟水後才使用。在用水上如此講究，再加上製法獨特與釀造時的用心，因而讓這款燒酎精彩出色。

味道 ◀淡雅 —— 濃郁▶
香氣 ◀內斂 —— 華麗▶

推薦飲法　※各種飲法都適合

度數	30度		
主原料	黑糖／鹿兒島縣奄美大島產		
麴菌	米麴（白）	蒸餾方式	常壓
儲藏方式	酒槽、酒甕、酒瓶儲藏	儲藏期間	2～2年6個月

¥ 900ml：1,155日圓、1.8L：2,100日圓
酒廠直販／有　酒廠參觀／可

推薦酒款

充滿奄美大島特色的超凡傑作

JOUGO［じょうご］

使用100%奄美大島產的黑糖與天然的地下水，這款酒的特色在於能明顯地感覺到豐富的果香，喝起來相當圓潤與輕快。怎麼喝都不會膩，適合加冰塊或加水享用。

推薦飲法

¥ 720ml：1,100日圓、1.8L：1,850日圓

度數	25度	主原料	黑糖／鹿兒島縣奄美大島產				
麴菌	米麴（白）	蒸餾方式	減壓	儲藏方式	酒槽、瓶裝儲藏	儲藏期間	2～3年

● 創立年：1970年（昭和45年）● 酒藏主人：有村成生 ● 杜氏：第3代　安原淳一郎 ● 從業員數：17人 ● 地址：鹿児島県大島郡龍鄉町浦1864-2 ● TEL：0997-62-3120　FAX：0997-62-3390

不同的飲法搭配不同的料理，營造出絕妙又均衡的風味

長雲 山田川

［ながくも やまだごう］
鹿兒島縣大島郡 山田酒造

山田酒造原本都是用泰國米來製麴，不過考慮到將來打算100%全部使用奄美大島所產的原料來釀造燒酎，因此這次特別使用日本國產米來釀造「長雲 山田川」，結果讓這款黑糖燒酎的味道相當「純淨」與「柔和」。這酒款是從2009年開始釀製的，但是由於第一年所製造出來的米味太過強烈，因此隔年開始改用不同品種的米。此外，他們還不斷地嘗試將黑糖與米麴味道的強弱進行各種不同的調配，最後終於成功地將黑糖豐富的香氣與米麴的味道做完美的結合，釀造出均衡和諧又舒服暢快的風味。如果飲用時加冰塊，那麼適合搭配辛香或是義大利料理；不過由於這款酒也有米所帶來的舒暢感，因此如果加水稀釋喝的話則適合搭配像是生魚片等清淡的日本料理。

味道 ◀淡雅 — 濃郁▶

香氣 ◀內斂 — 華麗▶

推薦飲法

度數	30度		
主原料	黑糖／自家栽培的甘蔗		
麴菌	米麴（白）	蒸餾方式	常壓
儲藏方式	酒槽儲藏	儲藏期間	2年

¥ 1.8L：4,552日圓

酒廠直販／無　酒廠參觀／可（需洽談）

推薦酒款

更強烈地展現出黑糖燒酎的特色

長雲 一番橋［ながくも いちばんはし］

使用奄美大島所產的黑糖，為了讓味道嚐起來就像是在吃黑糖，因此在進行第二次釀造前的黑糖溶解作業時，特別小心不讓香氣溢出。喝時可加熱水，享受黑糖所散發出來的迷人香味。

推薦飲法

¥ 1.8L：2,952日圓

度數	30度	主原料	黑糖／鹿兒島縣奄美大島產、米／泰國產				
麴菌	米麴（白）	蒸餾方式	常壓	儲藏方式	酒槽儲藏	儲藏期間	仕次儲藏2年以上

● 創立年：1957年（昭和32年）● 酒藏主人：第3代 山田隆博 ● 杜氏：山田隆博 ● 從業員數：4人
● 地址：鹿児島県大島郡龍郷町大勝1373-ハ ● TEL：0997-62-2109 FAX：0997-62-2793

【雜醇油】燒酎原料中所含的油分，是所有高級醇混合物的總稱。雜醇油是形成燒酎「個性」的主要因素之一。

甘藷（黑麴） 甘藷（白麴） 甘藷（黃麴） 甘藷（原酒・酒頭・無過濾） 麥 米 黑糖 泡盛（新酒） 泡盛（古酒） 其他

讓愛酒人著迷不已的絕品超限量陳酒

大古酒 長雲

［ながくも やまだごう］
鹿兒島縣大島郡 山田酒造

山田酒造的創立者山田嶺義，在昭和28年於奄美歸還日本不久之後，便開始燒酎的製造工作，在昭和32年時創立了這間山田酒造。現在，酒廠則是由第二代的隆夫妻和第三代的隆博夫妻共4人來負責營運與製酒。在原料方面，山田酒造只用奄美大島和沖繩縣所產的黑糖，釀造的水源則使用來自長雲山系的地下水。此外，他們製造燒酎時所用的黑糖更是來自自己所栽種的甘蔗。初代酒藏主人在晚年1986年的時候釀造了「長雲」這款酒，後來過了20年也就是到了2006的時候，酒廠在這個值得紀念的年份決定將酒開封，並裝瓶做成「大古酒 長雲」這款相當珍貴的燒酎。這款酒的口感相當溫和，幾乎感覺不到酒精濃度，而彷彿洋酒般的甜香則讓味道更加奢侈華麗。飲用時，非常適合做為餐後酒或搭配甜點一起享用。

味道 ◀淡雅 濃郁▶
香氣 ◀內斂 華麗▶

推薦飲法

度數	34度		
主原料	黑糖／奄美大島、沖繩縣產，米／泰國產		
麴菌	米麴（白）	蒸餾方式	常壓
儲藏方式	酒槽儲藏	儲藏期間	20年後裝瓶

¥ 720ml：9,259日圓
酒廠直販／無　酒廠參觀／可（需洽談）

代表酒款

精選適合製造黑糖燒酎的素材

奄美 長雲［あまみ ながくも］

為了強調出黑糖的味道，因此特地用泰國米來製麴，並以沖繩產的黑糖來做為原料。這款燒酎是山田酒造的基本酒款，喝的時候能充分感覺到黑糖的風味，怎麼喝也喝不膩。

推薦飲法 

¥ 900ml：1,400日圓、1.8L：2,619日圓

度數	30度	主原料	黑糖／鹿兒島奄美大島、沖繩縣產，米／泰國產				
麴菌	米麴（白）	蒸餾方式	常壓	儲藏方式	酒槽儲藏	儲藏期間	仕次儲藏2年以上

● 創立年：1957年（昭和32年）● 酒藏主人：第3代 山田隆博 ● 杜氏：山田隆博 ● 從業員數：4人
● 地址：鹿児島県大島郡龍郷町大勝1373-ハ ● TEL：0997-62-2109 FAX：0997-62-2793

孕育自德之島的大自然，舒服好喝的黑糖燒酎

島之拿破崙 ［しまのナポレオン］

鹿兒島縣大島郡 奄美大島 にしかわ酒造

為求得好喝的天然水，而將酒廠遷移到有長壽島之稱的「德之島」中央的深山裡，然後從地底深達190m的地方汲取出從珊瑚礁等堅硬岩盤所湧出的天然水。這間酒廠除了透過電腦來實施自動化管理，其中最大的特色在於熟成時分別會用不銹鋼槽、素燒酒甕以及地下酒槽這3種不同的方式來進行儲藏。「島之拿破崙」在第一次釀造時是使用傳統的酒甕，在將米蒸到外硬內軟而恰到好處之後，接著再引出黑糖特有的舒暢且迷人的香氣與甘甜。由於味道相當純淨，因此用各種喝法、搭配任何食物都能輕鬆地喝出這款燒酎的美味。此外，不論是加咖啡或是做成MOJITO等調酒也都非常適合。

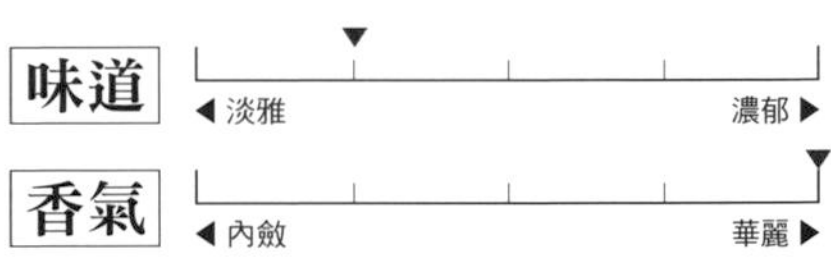

推薦飲法　※各種飲法都適合

度數	25度		
主原料	黑糖／日本國產		
麴菌	米麴（白）	蒸餾方式	減壓
儲藏方式	酒槽儲藏	儲藏期間	約1年

¥ 900ml：994日圓、1.8L：1,772日圓

酒廠直販／有　酒廠參觀／可

推薦酒款

感覺相當親近的燒酎

AJYA［あじゃ］

100%使用日本產的黑糖，以傳統的酒甕來進行第一次釀造，讓酒的味道喝起來不但芳香醇厚且滋味豐富。「AJYA」是德之島方言，意思是「父親」。

推薦飲法 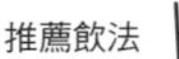 

¥ 900ml：1,029日圓、1.8L：1,829日圓

度數	25度	主原料	黑糖／日本國產				
麴菌	米麴（白）	蒸餾方式	常壓	儲藏方式	酒槽儲藏	儲藏期間	約1年半

● 創立年：1990年（平成2年）● 酒藏主人：西川明寬 ● 杜氏：永喜龍介 ● 從業員數：29人 ● 地址：鹿児島県大島郡徳之島町白井474-565 ● TEL：0997-82-1650 FAX：0997-83-1246

【過濾】透過布或濾器去除雜質。如果是本格燒酎，指的是去除會讓酒變白色混濁的雜醇油。

由珊瑚礁與時間所釀造出的滋味，適合用來做為祝賀酒

壽12年

［ことぶき 12ねん］
鹿兒島縣大島郡 新納酒造

從鹿兒島到新納酒造距離為546km，它位在奄美群島之一的沖永良部島的西端、景色極為優美的田皆岬附近。新納酒造成立於大正9年，當初原本是一間泡盛釀造廠，它雖然曾經歷過昭和20年的戰爭災害、昭和52年的沖永良部颱風侵襲，不過後來酒廠再次進行重建並一直營運至今。酒廠用來釀造的水源是經由沖永良部特有的珊瑚礁所過濾出富含礦物質的自然硬水，而用來稀釋的水源則是來自逆滲透水。「壽」是款將酒廠的代表酒款「天下第一」經過長期儲藏而成的燒酎，其獨特的甜香猶如糖漿，味道圓潤醇厚，滋味相當豐富。喝的時候會覺得口感相當滑順，甜味立刻占滿舌尖，接著又隨即化開。這款酒可做為搭配任何料理都適合的餐中酒，不過和味道紮實的料理一起享用會更棒。

味道 ◀淡雅 ―― 濃郁▶

香氣 ◀內斂 ―― 華麗▶

推薦飲法

度數	35度		
主原料	黑糖		
麴菌	米麴（白）	蒸餾方式	常壓
儲藏方式	酒槽儲藏	儲藏期間	12年

¥ 900ml：2,653日圓
酒廠直販／無　酒廠參觀／可（需預約）

推薦酒款

年輕人和女性也容易入口的燒酎
變若水［をちみづ］

用減壓蒸餾，味道相當清爽的燒酎。黑糖的比例是米麴2倍，讓口感輕盈的同時也能感覺到黑糖華麗的香氣和滋味，圓潤豐富而相當迷人。

推薦飲法 

¥ 900ml：1,105日圓

度數	25度	主原料	黑糖				
麴菌	米麴（白）	蒸餾方式	減壓	儲藏方式	酒槽儲藏	儲藏期間	1年以上

●創立年：1920年（大正9年）●酒藏主人：新納秀浩 ●杜氏：新納仁司 ●從業員數：4人 ●地址：鹿児島県大島郡知名町知名313-1 ●TEL：0997-93-4620 FAX：0997-93-4620

奄美島上唯一擁有長期儲藏代表酒款的酒廠

昇龍30° 5年熟成

[しょうりゅう30° 5ねんじゅくせい]
鹿兒島縣大島郡 原田酒造

原田酒造的創立者是原田孝次郎，他從戰前便一直經營著沖永良部島的發電事業，後來發電廠曾在戰爭中燒毀，不過他卻自掏腰包重建，除此之外，他還持續發起守護島上兒童的活動，可說是位洋溢著奉獻的精神且內心相當仁慈的人物。而這位孝次郎在戰後過沒多久的昭和22年，從「久木田酒造」這家以秤斤販售泡盛的酒廠開了分號而成立了這間原田酒造。而在現任的酒藏主人繼承這間酒廠後同時發售的，即是這款儲藏超過5年以上的古酒「昇龍」。它是款以儲藏5年的原酒為基酒，並使用櫟木桶調和風味而成的黑糖燒酎，不但香氣豐富且口感濃郁。喝的時候，能感覺到香氣迷人，味道深沉，此外還有著悠遠流長且帶著甘甜的餘韻，相當適合用簡單的方式細細品嚐。

味道 ◀淡雅 — 濃郁▶（▼位於第4格）

香氣 ◀內斂 — 華麗▶（▼位於第4格）

推薦飲法

度數	30度		
主原料	黑糖／日本國產		
麴菌	米麴（白）	蒸餾方式	常壓
儲藏方式	酒槽、櫟木桶	儲藏期間	5年以上

¥ 720ml（附箱）：1,681日圓、900ml：1,496日圓、1.8L：2,791日圓　酒廠直販／有　酒廠參觀／可

推薦酒款

感覺相當親近的燒酎
昇龍25°[しょうりゅう25°]

這酒款俗稱「白標」昇龍，雖然帶著狂野，但是卻能感覺到黑糖圓潤的風味、淡淡的柑橘香氣以及豐富柔順的口感，是款能夠輕鬆享受的「昇龍」。

推薦飲法 

¥ 900ml：1,253日圓、1.8L：2,112日圓

度數	25度	主原料	黑糖／日本國產				
麴菌	米麴（白）	蒸餾方式	常壓	儲藏方式	酒槽、櫟木桶	儲藏期間	5年未滿

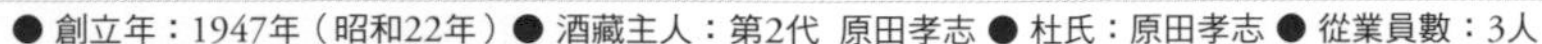

● 創立年：1947年（昭和22年）● 酒藏主人：第2代　原田孝志 ● 杜氏：原田孝志 ● 從業員數：3人
● 地址：鹿児島県大島郡知名町知名379-2 ● TEL：0997-93-2128　FAX：0997-93-5220

與論島上唯一的黑糖燒酎，搭起島民與客人友誼的橋樑

島有泉20°

[しまゆうせん20°]
鹿兒島縣大島郡 有村酒造

由珊瑚礁隆起而成的與論島氣候整年溫暖，而在周長22km的島上，有村酒造是唯一的造酒廠。他們以由甘蔗做成的黑糖為原料，用傳統的酒甕釀造，接著再以常壓的方式進行蒸餾，至於水源則是使用從珊瑚礁所湧出來的地下水。在設備方面，不論是酒廠自己設計並特製而成的溶解機還是裝有可卸式冷卻器的酒槽，在在都可看見酒廠的用心。在與論島有一種招待客人的飲酒儀式叫做「與論獻奉」，而在這儀式當中所不可欠缺的即是「島有泉」。這款燒酎有著淡淡的黑糖甜香與清爽的口感，完全可說是南島所賜的禮物。在喝的時候，酒藏主人特別推薦的是「與論割（ヨロン割り）」，這是用島上年輕人以島生薑為原料所做成而販售的「46 GINGER ALE」所稀釋而成的一種喝法。

味道：◀淡雅 —— 濃郁▶
香氣：◀內斂 —— 華麗▶

推薦飲法

度數	20度		
主原料	黑糖／沖繩縣產		
麴菌	米麴（白）	蒸餾方式	常壓
儲藏方式	酒槽儲藏	儲藏期間	3～6個月

¥ 720ml（附箱）：1,200日圓、900ml：1,000日圓、1.8L：1,420日圓　酒廠直販／有　酒廠參觀／可

傳統的酒甕並排在一起，從製麴到裝瓶、貼酒標，全部幾乎都以人工作業。

由珊瑚礁所包圍的與論島，四周是豐富的海洋與亞熱帶植物。

● 創立年：1947年（昭和22年）● 酒藏主人：第3代 有村晃治 ● 杜氏：福地成夫 ● 從業員數：6人
● 地址：鹿児島県大島郡与論町茶花226-1 ● TEL：0997-97-2302 FAX：0997-97-2021

奄美大島最古老的酒廠用傳統所努力出來的結晶

MANKOI

［まんこい］
鹿兒島縣奄美市 彌生燒酎釀造所
http://www.kokuto-shouchu.co.jp

彌生燒酎釀造所是奄美大島歷史最悠久的酒廠，它位於奄美大島的中心部，從東邊的山丘還有純淨的水源流過。由於酒廠是在3月時成立的，因而將酒廠以及所推出的酒款取名為「彌生」。酒廠的人繼承著創立者川崎TAMI的遺志，用謙虛專注的態度努力釀酒，對於喝的人、在此工作的人以及知道奄美大島的黑糖燒酎的人，他們永遠特別珍惜並充滿感謝之意。而用櫟木桶熟成的「MANKOI」，煙燻味是它的特色，在如洋酒般的香氣中還能感覺到甜甜的香草味，風味濃郁美妙。此外，他們為了將麴菌的特色發揮到極致，特別想辦法讓麴菌的菌絲能夠伸入到米的最裡面，為了守護「彌生的味道」，而在味道上做了非常多的努力。

味道 ◀淡雅 濃郁▶

香氣 ◀內斂 華麗▶

推薦飲法

度數	30度		
主原料	黑糖／沖繩縣產		
麴菌	米麴（白）	蒸餾方式	常壓
儲藏方式	櫟木桶儲藏	儲藏期間	3年

¥ 900ml：1,333日圓、1.8L：2,476日圓
酒廠直販／有　酒廠參觀／可

代表酒款

讓人暢飲的爽快感
彌生［やよい］

口感就像是用減壓蒸餾出般輕盈、純淨，不過入喉時卻能感覺到濃郁的滋味與香氣，怎麼喝都不會膩，適合當作餐中酒享用。

推薦飲法

¥ 720ml：1,048日圓、1.8L：2,381日圓

度數	30度	主原料	黑糖／沖繩縣產				
麴菌	米麴（白）	蒸餾方式	常壓	儲藏方式	琺瑯酒槽	儲藏期間	1～2年

● 創立年：1922年（大正11年）● 酒藏主人：第3代 川崎洋三 ● 杜氏：川崎洋之 ● 從業員數：6人
● 地址：鹿児島県奄美市名瀬小浜町15-3 ● TEL：0997-52-1205 FAX：0997-52-3359

【儲藏】蒸餾好的酒在準備出貨上市之前，會先存放置於酒甕、酒桶裡，儲藏的期間從數月到數十年不等。

一喝便無法忘懷，讓人驚豔的黑糖焼酎

加那25°

［かな25°］
鹿兒島縣奄美市 西平酒造
http://kana-sango.jp

明治18年，西平酒造一開始是在沖繩的首里取得泡盛的製造執照，他們之後曾一度搬到喜界島，接著又在終戰的隔年遷移到奄美大島，然後在此遵循著自生產泡盛時期所留下的傳統來釀造黑糖焼酎。西平酒造目前位在奄美大島中央地帶的多山地區裡，那裏有著非常豐富的水源。「加那」是款特別重視儲藏且充分表現出長期熟成特色的燒酎，它在經過酒槽1年、櫟木桶1年以上的熟成之後，等到準備裝瓶上市時，顏色便會轉變成淡淡的琥珀色並散發出美麗的光輝而讓人為之驚艷，且喝的時候還能充分地享受到那充滿特色的風味與極佳的濃郁香醇。「加那」在奄美方言中有「所愛的人、戀人」的意思，此語源自日文古語中的「可愛（愛なし）」。

味道 ◀淡雅 ———————— 濃郁▶

香氣 ◀內斂 ———————— 華麗▶

推薦飲法　※各種飲法都適合

度數	25度		
主原料	黑糖／日本國產		
麴菌	米麴（白）	蒸餾方式	常壓
儲藏方式	櫟木桶、酒槽	儲藏期間	2年以上

¥ 1.8L：2,050日圓
酒廠直販／有（限酒廠參觀者） 酒廠參觀／可（需預約）

推薦酒款

不愧被稱為日本的蘭姆酒

加那40°［かな40°］

因為只加一點水來稀釋原酒，所以能夠盡情地享受到加那的濃郁、甘甜以及黑糖才有的華麗香氣，用來當做奄美必買的土產也很受歡迎。

推薦飲法　※各種飲法都適合

¥ 720ml：2,275日圓

度數	40度	主原料	黑糖／日本國產				
麴菌	米麴（白）	蒸餾方式	常壓	儲藏方式	櫟木桶、酒槽	儲藏期間	2年以上

● 創立年：1927年（昭和2年）● 酒藏主人：西平功 ● 杜氏：森秀樹 ● 從業員數：7人 ● 地址：鹿児島県奄美市名瀬小俣町11-21 ● TEL：0997-52-0171 FAX：0997-52-3006

酒甕釀造出濃稠的傳統古早味

馬艦船25°

［まーらんせん25°］
鹿兒島縣奄美市 富田酒造場
http://www.kokuto-ryugu.co.jp

富田酒造場位於離海不遠的山邊，這裡冬天有海風吹來，其他季節則飄散著森林的芳香氣息。1951年，在奄美仍由美國佔領的時期，富田酒造場在名瀨的蘭館山的山麓蓋了這間酒廠，從創業以來就一直使用大甕來釀造傳統的燒酎至今。在製酒方面，他們以日本國產米來培育黑麴，並且使用32個裡頭住著藏付酵母的大甕並花上1週的時間來釀造出酒母，接著將溶解的黑糖倒入大甕，然後再花2週的時間來進行發酵。酒醪放置一段時間後味道會更鮮美，將它蒸餾出酒精濃度約39～44%的原酒後，最後再以仕次的方式進行儲藏。「馬艦船」用的原料是來自多雨的德之島所產的黑糖，喝的時候能感覺到黑糖柔順又優雅的甘甜與滋味。所謂的馬艦船，指的是在17世紀穿梭於東南亞或中國、沖繩、奄美等地的物資運輸船。

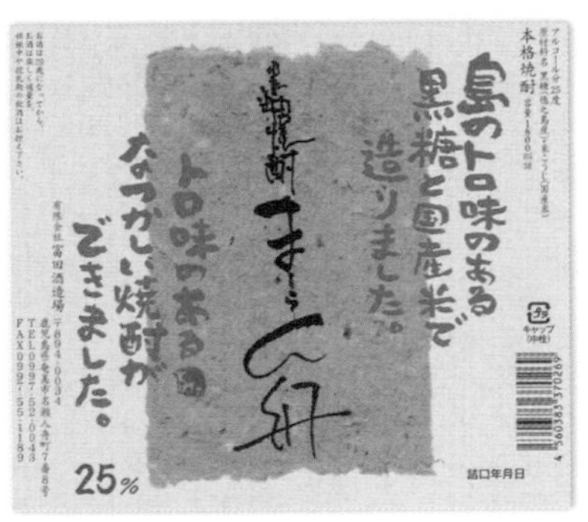

味道 ◀淡雅 — 濃郁▶

香氣 ◀內斂 — 華麗▶

推薦飲法

度數	25度		
主原料	黑砂糖／鹿兒島縣德之島產		
麴菌	米麴（黑）	蒸餾方式	常壓
儲藏方式	酒槽儲藏	儲藏期間	10個月

¥ 720ml：1,530日圓、1.8L：2,900日圓
酒廠直販／無　酒廠參觀／可（需確認）

代表酒款

各種飲法都適合的口感與後味

龍宮［りゅうぐう］

這款黑糖燒酎有著酒甕釀造才有的深沉、複雜，加上來自日本國產米的甘甜與黑糖的香氣，後味迷人，讓人怎麼喝也喝不膩，加梅酒喝也很棒。

推薦飲法

¥ 900ml：1,430日圓、1.8L：2,650日圓

度數	30度	主原料	黑糖／沖繩縣產				
麴菌	米麴（黑）	蒸餾方式	常壓	儲藏方式	酒槽儲藏	儲藏期間	7～8個月

● 創立年：1951年（昭和26年）● 酒藏主人：富田恭弘 ● 杜氏：富田恭弘 ● 從業員數：8人 ● 地址：鹿児島県奄美市名瀨入舟町7-8 ● TEL：0997-52-043 FAX：0997-55-1189

【稀釋水】為了調整酒精濃度而用來稀釋原酒的水及其作業。

和蘇格蘭威士忌、香檳一樣 獲得「地理標示」的本格燒酎

威士忌中的蘇格蘭以及葡萄酒中的波爾多、香檳等，這些都是WTO（世界貿易組織）所制訂的地理標示，它的目的是在於將某地所生產、並透過專業的職人所做成的優質產品限定其產區，以保護並延續該原產地在國際上的地位。因此，球磨燒酎、薩摩燒酎、壱岐燒酎和琉球泡盛皆可說是獲得國際認證的名酒。

球磨燒酎

球磨燒酎的定義

- 原料為米和米麴
- 使用球磨川的伏流地下水釀造
- 在人吉、球磨地區製造、裝瓶
- 使用單式蒸餾器並只進行一次蒸餾

在熊本縣的人吉、球磨地區所製造的米燒酎。1995年獲得地理標示的認定，目前有28家酒廠製造這些個性豐富的球磨燒酎。

薩摩燒酎

薩摩燒酎的定義

- 用鹿兒島縣的甘薯來做為原料
- 在鹿兒島縣內（奄美市、大島郡除外）製造、裝瓶
- 使用單式蒸餾器並只進行一次蒸餾

甘薯在17世紀從琉球傳到了鹿兒島，進而開始製造出充滿個性的芋燒酎。芋燒酎在2005年獲得地理標示的認定。

獲地理標示認可的薩摩燒酎標章。

壱岐燒酎

壱岐燒酎的定義

- 原料的比例為大麥2/3，米1/3
- 釀造用的水是來自壱岐的地下水
- 在壱岐島內製造、裝瓶
- 使用單式蒸餾器並只進行一次蒸餾

長崎縣的壱岐島可說是麥燒酎的發源地，它在1995年獲得地理標示的認定。目前島內有7家酒廠正努力守護著這個傳統。

琉球泡盛

琉球泡盛的定義

- 原料為使用黑麴製造而成的米麴
- 只進行一次釀造，並採全麴釀造
- 在沖繩縣內製造、裝瓶
- 使用單式蒸餾器並只進行一次蒸餾

泡盛的歷史約600年，是日本最古老的蒸餾酒，它在1995年獲得地理標示的認定。經過多年、甚至數十年儲藏的泡盛古酒亦充滿魅力。

取材協力／日本酒造組合中央會

泡盛

以米為主要原料並使用黑麴釀造。
主要產地是沖繩縣。
日本蒸餾酒的始祖。

日本蒸餾酒的始祖——「泡盛」

泡盛是日本最古老的蒸餾酒，它不論是在原料、製法還是熟成上，全都是遵循著琉球王朝時代所留下來的傳統。泡盛的起源有許多種說法（參照P.19），不過一般認為15世紀末的琉球就已經有在製造。在琉球王朝時代，泡盛的製造受首里王府的管理與掌控，這種酒在當時是王公貴族愛喝的宮廷酒，也經常被拿來當作獻給江戶幕府的貢品，原本一般的庶民並無緣品嚐，後來到了明治9（1876）年實施民營自營化之後，泡盛的製造才開始遍及整個沖繩縣。

泡盛基本上是用又被稱為秈米的泰國米和沖繩原生的黑麴菌為原料來發酵成酒醪，接著再直接進行蒸餾並採全麴釀造而成的一種蒸餾酒。泡盛在日本的酒税法上雖然也被歸類為乙類燒酎，不過它那用泰國米和黑麴菌所釀造出來的獨特香氣和其他一般的燒酎卻完全不同。此外，泡盛的「古酒」也非常值得一提。泡盛經過3年以上熟成即稱為古酒，它是用傳統的「仕次」熟成法所製成的，特色是能讓泡盛的味道更加熟成。

沖繩縣那霸市 世界遺產「首里城」—— 訴說著琉球王朝的繁華

地理標示的一種，限定在沖繩縣內用泰國米、黑麴、一次全麴釀造、單式蒸餾器所製造出來的泡盛。泡盛的語源有諸多說法。

特別使用三日麴所釀造出的圓潤滋味

松藤 三日麴25° ［まつふじ みっかこうじ25°］

沖繩縣國頭郡 崎山酒造廠
http://sakiyamashuzo.jp

崎山酒造廠於明治38年創立於首里的赤田，後來在二戰結束不久後將酒廠移到恩納岳這個沖繩內相當珍貴的米倉的山麓上，並以公營的模式重新展開營運。相較於一般泡盛是花2天來製麴，崎山酒造廠為了能確實地培育出麴菌，因此刻意花上3天的時間來製麴。用這「三日麴」釀造出酒醪之後，接著在不破壞適合長期熟成的良好狀態下進行蒸餾和過濾，最後便成為了美味十足的泡盛。而「松藤 三日麴25°」便是用這種方式所釀造而成的酒款之一，它的特色在於有著全麴獨特的濃郁滋味與軟水釀造的柔順透明感。圓潤又鮮美的關鍵來自「三日麴」、「長期釀造」、「天然山清水」，喝的時候還能感覺到一股輕柔的麴香與淡淡的果味。

味道 ◀淡雅 —— 濃郁▶

香氣 ◀內斂 —— 華麗▶

推薦飲法

度數	25度		
主原料	秈米／泰國產		
麴菌	米麴（黑）	蒸餾方式	常壓
儲藏方式	酒槽儲藏	儲藏期間	3～12個月

¥ 720ml：1,097日圓、1.8L：2,289日圓
酒廠直販／有　酒廠參觀／可

推薦酒款

相當具有特色的圓潤口感與新酒風味

赤松藤 黑糖酵母釀造30° ［あかのまつふじ こくとうこうぼじこみ30°］

甘蔗所培育出的「黑糖酵母」搭配崎山酒造廠特別使用的三日麴所釀製而成的泡盛，其特色在於有著淡淡的黑糖香氣和甘甜輕盈的味道。

推薦飲法

¥ 720ml：1,296日圓、1.8L：2,376日圓

度數	30度	主原料	秈米／泰國產				
麴菌	米麴（黑）	蒸餾方式	常壓	儲藏方式	酒槽儲藏	儲藏期間	約6個月

● 創立年：1905年（明治38年）● 酒藏主人：第4代　崎山和章 ● 杜氏：山里文男 ● 從業員數：20人
● 地址：沖縄県国頭郡金武町字伊芸751 ● TEL：098-968-2417　FAX：098-968-2463

能享受到用伊是名的氣候、風土所孕育出來的香醇

常盤30°

［ときわ30°］
沖繩縣伊是名村 伊是名酒造所
http://www.izenashuzo.com

伊是名島漂浮在沖繩本島西北方的東海之上，它是座周長為16公里的小島，四周由白色的沙灘與碧綠的海洋所包圍，在那裡還能看見蔥鬱茂密的琉球松、珊瑚石牆與福木圍籬圍繞著並排的紅色屋瓦。終戰過沒多久的昭和24年，伊是名酒造所在這座島上成立了酒廠，他們秉持著過去的傳統，且製酒時特別重視水源與手工作業。他們使用受惠於大自然而從地底所冒出來的優質天然水，然後以手工作業的方式細心地釀製出每一瓶酒。而由這獨特的風土環境所釀造出來的泡盛，完全可說是這座島嶼所賜予的贈禮。「常盤」是伊是名酒造所的代表酒款，它的酒標是象徵吉祥的龜鶴圖案，味道甘甜濃郁，後味卻清爽舒暢，喝起來感覺相當好。

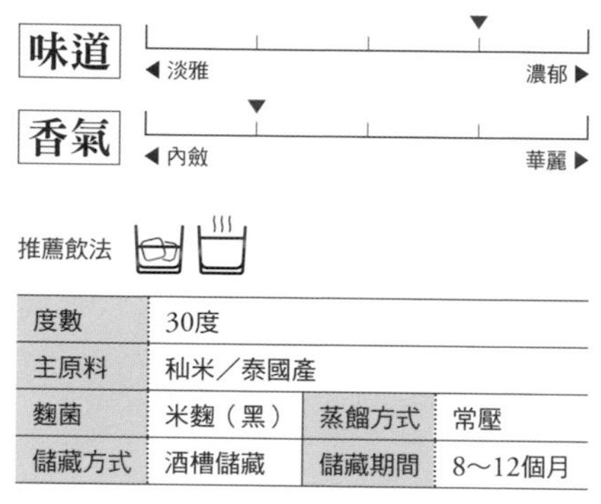

度數	30度		
主原料	秈米／泰國產		
麴菌	米麴（黑）	蒸餾方式	常壓
儲藏方式	酒槽儲藏	儲藏期間	8～12個月

¥ 720ml：945日圓、1.8L：1,760日圓
酒廠直販／有　酒廠參觀／可

推薦酒款

熟成後的調和滋味
10年古酒 金丸［10ねんくーす かなまる］

金丸是伊是名島的英雄，也是琉球國王尚圓的幼名，而這款泡盛即是以此為名。喝的時候能感覺到淡淡的香草味，圓潤甘甜，散發出只有古酒才有的芳香醇厚，是款相當出色的好酒。

推薦飲法

¥ 720ml：5,400日圓、1.8L：10,800日圓

度數	35度	主原料	秈米／泰國產				
麴菌	米麴（黑）	蒸餾方式	常壓	儲藏方式	酒槽儲藏	儲藏期間	10年

● 創立年：1949年（昭和24年）● 酒藏主人：宮城秀夫 ● 杜氏：仲田輝仁 ● 從業員數：6人 ● 地址：沖縄県島尻郡伊是名村字伊是名736 ● TEL：0980-45-2089 FAX：0980-45-2614

味道與香氣都很濃郁，喝起來卻辛辣暢快且相當順口

咲元30°

［さきもと 30°］
沖繩縣那霸市 咲元酒造
http://www.sakimoto-awamori.com

咲元酒造自成立以來便一直位在首里，之後因沖繩島戰役而遭到損毀，不過後來第2代酒藏主人奇蹟似地發現原本被認為已經滅絕的黑麴菌，於是在戰後努力想辦法讓他們家的泡盛重新復活並再次興盛。在製酒的過程中，他們盡量避免機器化，努力地以手工的方式來釀造傳統的泡盛。「咲元30°」是款用低溫發酵而成的泡盛，它的特色在於香氣豐富且味道圓潤。為了能保留味道和香氣的成分來源，酒廠儘可能減少過濾，因此讓這款酒喝起來辛辣暢快，同時還能感覺到濃郁的穀香以及淡淡的甘甜，使人充分地享受到入口、吞下肚以及味道變化所帶來的樂趣。雖然加冰塊或直接飲用也不錯，不過為了能好好體驗它的香氣，建議喝的時候可以不加冰塊，只用常溫或是冰水稀釋即可。

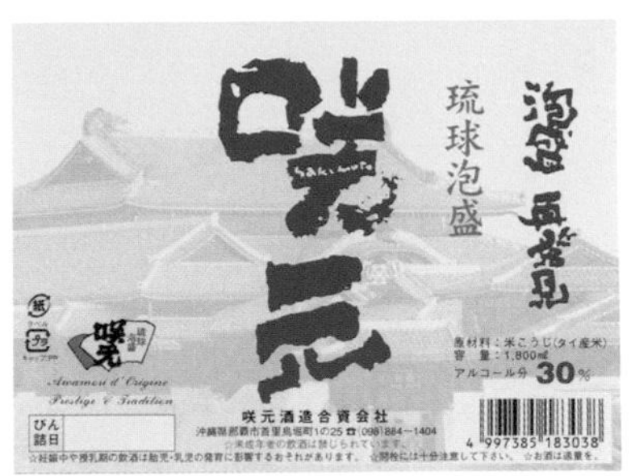

味道 ◀淡雅 濃郁▶

香氣 ◀內斂 華麗▶

推薦飲法

度數	30度		
主原料	秈米／泰國產		
麴菌	米麴（黑）	蒸餾方式	常壓
儲藏方式	酒槽、酒甕	儲藏期間	10～12個月

¥ 720ml：1,000日圓、1.8L：1,800日圓
酒廠直販／有　酒廠參觀／可

推薦酒款

粗濾才有的濃郁滋味

咲元44°［さきもと44°］

為了儘可能保留住原酒的美味和香氣而採用常溫粗濾釀造，它的特色在於香氣濃郁且味道豐富，非常適合拿來做為古酒。

推薦飲法

¥ 720ml：1,600日圓、1.8L：3,500日圓

度數	44度	主原料	秈米／泰國產				
麴菌	米麴（黑）	蒸餾方式	常壓	儲藏方式	酒槽、酒甕	儲藏期間	3～10個月

● 創立年：1902年（明治35年）● 酒藏主人：第4代 佐久本啟 ● 杜氏：久貝卓正 ● 從業員數：6人
● 地址：沖繩県那霸市首里鳥堀町1-25 ● TEL：098-884-1404 FAX：098-884-1404

使用重新復甦於現代的夢幻瑞泉菌，釀造出復古又獨特的風味

瑞泉 御酒

[ずいせん うさき]
沖繩縣那霸市 瑞泉酒造
http://www.zuisen.co.jp

位在首里城附近的瑞泉酒造是間歷史很悠久的酒廠，它從琉球王朝始設燒酎職時便一直釀酒至今。由於酒廠的儲藏量非常大，因此他們在古酒的藏量上相當豐富。近年來，他們也很努力開發以泡盛為基酒的利口酒，除了重視傳統，也嘗試挑戰新的口味。「御酒」是用黑麴菌釀造出來的泡盛，這款酒所用的菌種原本被認為受到戰爭的破壞而絕跡，不過後來在1998年的時候，酒廠發現當初在戰前從酒廠所取出的瑞泉菌標本原來一直放在東京大學裡保存，因而讓瑞泉酒造決定用這個瑞泉菌來複製出戰前的味道，接著再花不少工夫在釀造方法上，最後終於做成了這款商品。御酒雖然是新酒，不過喝起來卻帶著果實般香甜，味道圓潤、純淨而無雜味，可說是現代人也會喜歡喝的一款泡盛。

味道 ◀淡雅 濃郁▶

香氣 ◀內斂 華麗▶

推薦飲法

度數	30度		
主原料	秈米／泰國產		
麴菌	米麴（黑）	蒸餾方式	常壓
儲藏方式	酒槽儲藏	儲藏期間	5個月

¥ 720ml：2,570日圓
酒廠直販／有　酒廠參觀／可

推薦酒款

好喝順口的古酒
瑞泉King 10年古酒 [ずいせんきんぐ 10ねんくーす]

以「人人都是自己人生當中的KING」為概念，並希望能為每個人歡呼鼓舞而推出了這款口感圓潤高雅，味道纖細出色的古酒。

推薦飲法 

¥ 720ml：2,600日圓

度數	30度	主原料	秈米／泰國產				
麴菌	米麴（黑）	蒸餾方式	常壓	儲藏方式	酒槽儲藏	儲藏期間	10年

● 創立年：1887年（明治20年）● 酒藏主人：第6代 佐久本學 ● 杜氏：仲榮真兼昌 ● 地址：沖繩県那覇市首里崎山町1-35 ● TEL：098-884-1968 FAX：098-886-5969

能讓人盡情享受新鮮感與古酒味並存的泡盛

春雨 GOLD30°

［はるさめ ゴールド 30°］
沖繩縣那霸市 宮里酒造所

戰後不久，宮里酒造所在燒成廢墟的那霸街道上成立了酒廠，他們將象徵希望的春天與大自然所賜的雨結合在一起而推出了以「春雨」為名的泡盛。在佇立於市區且覆蓋著紅瓦的木造建築中，酒廠人員透過大量的研究資料和數據來進行縝密的計算而生產出個性豐富的泡盛。在「春雨」系列當中，「GOLD」是款擁有相當高人氣的泡盛，酒廠透過嚴格的溫度控管與獨特的製法將細心培育出來的麴菌以軟水進行發酵，並設法在短期內釀造出古酒韻味而創造出這款泡盛。這款酒喝的時候能感覺到熟成的甜香與濃郁的滋味，口感有如古酒般的滑順，味道卻帶著清新。

味道 ◀淡雅 —— 濃郁▶
香氣 ◀內斂 —— 華麗▶

推薦飲法

度數	30度		
主原料	秈米／泰國產		
麴菌	米麴（黑）	蒸餾方式	常壓
儲藏方式	酒槽儲藏	儲藏期間	1年左右

¥ 1.8L：2,667日圓
酒廠直販／無　酒廠參觀／不可

推薦酒款

口感滑順但味道深沉的春雨

春雨 MILD25°［はるさめ マイルド25°］

製法獨特，過程毫不馬虎，釀造出溫和舒服的甘甜與華麗的香氣。因為使用老麴，所以能夠品嚐出味道的深沉與豐富。

推薦飲法

¥ 720ml：1,772日圓

度數	25度	主原料	秈米／泰國產				
麴菌	米麴（黑）	蒸餾方式	常壓	儲藏方式	酒槽儲藏	儲藏期間	1年左右

● 創立年：1946年（昭和21年）● 酒藏主人：宮里徹 ● 杜氏：宮里徹 ● 從業員數：3人 ● 地址：沖繩県那霸市小禄645 ● TEL：098-857-3065

【混合燒酎】主要成分是無色無味的連續式蒸餾燒酎（甲類燒酎），為了讓味道帶著甘薯或是麥的風味，因此再混和一些本格燒酎所調製而成的燒酎。

用獨特的手法釀造出溫和樸實的味道，讓人喝出沖繩人的心

南光30°

［なんこう30°］
沖繩縣島尻郡 神谷酒造所
http://www.kamiya-syuzo.com

在閒適又綠意盎然的環境中，神谷酒造所釀造著味道樸實、喝起來舒服的泡盛。他們秉持「誠實、確實」的品質政策，以手工的方式來實行釀造作業，就連攪拌酒醪也不使用任何機器。不過，他們雖然遵循傳統的方式製酒，卻也同時試圖開創泡盛的新方向。南光這款酒的命名來自前酒藏主人期許「能成為沖繩南部的陽光」，它的特色在於因為使用蒸氣加熱的方式來進行蒸餾，所以味道相當溫和樸實。這款酒將泡盛原本的美味與豐富的香氣發揮得淋漓盡致，口感相當滑順。喝的時候特別推薦加冰塊或加水，這可以讓甜味更加明顯。順帶一提，這款酒的酒標設計是寶船搭配白鶴，乍看庸俗卻相當具有美感，讓人印象十分深刻。

味道 ◀淡雅 — 濃郁▶
香氣 ◀內斂 — 華麗▶

推薦飲法

度數	30度		
主原料	秈米／泰國產		
麴菌	米麴（黑）	蒸餾方式	常壓
儲藏方式	酒甕、酒槽儲藏	儲藏期間	6～12個月

¥ 720ml：980日圓、1.8L：1,890日圓
酒廠直販／無　酒廠參觀／不可

推薦酒款

能輕鬆享受的好滋味
古酒 花花［くーす はなはな］

為了讓酒喝起來更滑順，因此特別經過3年熟成的25°古酒。透過蒸氣蒸餾和低溫酒醪發酵，讓味道清爽柔順並帶著甜味，適合加冰塊享用。

推薦飲法 

¥ 720ml：1,100日圓、1.8L：2,200日圓

度數	25度	主原料	秈米／泰國產				
麴菌	米麴（黑）	蒸餾方式	常壓	儲藏方式	酒甕、酒槽儲藏	儲藏期間	3年以上

● 創立年：1949年（昭和24年）● 酒藏主人：神谷正彥 ● 杜氏：神谷雅樹 ● 從業員數：3人 ● 地址：沖繩県島尻郡八重瀬町字世名城510-3 ● TEL：098-998-2108 FAX：098-998-2108

用承先啟後的精神，釀造出順口好喝的高濃度泡盛

忠孝四日麴

[ちゅうこう よっかこうじ]
沖繩縣豐見城市 忠孝酒造
http://www.chuko-awamori.com

在製造泡盛時，製麴一般所需的時間為2天，不過這款「四日麴」卻是花上4天的時間來培養麴菌。透過這樣的方式，能夠讓黑麴的菌絲儘可能地伸進米粒裡，進而提高酵素含量並產生更多能讓泡盛的味道更濃郁、更香的成分。此外，這酒款還有個很大的特色，那就是使用「酸汁浸漬法」這種消失於昭和30年後半的一種泡盛製造工程。忠孝酒造仔細研究前人用智慧所發明出的發酵技術並努力重現，而「四日麴」便是用這些方法所釀造出來的泡盛。透過徹底地萃取出的泡盛香氣成分，讓這款高酒精濃度的新酒喝的時候有一股彷彿洋梨般的迷人果香和舒服的甘甜，讓人幾乎忘記了它的酒精濃度。

味道 ◀淡雅 —— 濃郁▶

香氣 ◀內斂 —— 華麗▶

推薦飲法

度數	43度		
主原料	秈米／泰國產		
麴菌	米麴（黑）	蒸餾方式	常壓
儲藏方式	酒槽儲藏	儲藏期間	6個月以上

¥ 720ml：1,550日圓、1.8L：3,250日圓
酒廠直販／有　酒廠參觀／可

代表酒款

味道濃郁豐富，感覺深遠悠長
忠孝［ちゅうこう］

使用獨創的「忠孝酵母」和優質地下水釀製而成，豐富的香氣和深沉而圓潤的滋味為其特色。喝起來感覺深遠悠長，建議可加水飲用，適合做為佐餐酒。

推薦飲法

¥ 720ml：1,175日圓、1.8L：2,052日圓

度數	30度	主原料	秈米／泰國產				
麴菌	米麴（黑）	蒸餾方式	常壓	儲藏方式	酒槽儲藏	儲藏期間	3個月以上

● 創立年：1949年（昭和24年）● 酒藏主人：第3代　大城勤 ● 杜氏：普久原毅伸 ● 從業員數：47人
● 地址：沖縄県豊見城市字名嘉地132 ● TEL：098-850-1257　FAX：098-850-1204

用八重山的傳統舊式鍋爐所蒸餾成的手工泡盛

濁泡盛 海波30°

［にごりあわもり かいは30°］
沖繩縣八重山郡 崎元酒造所
http://www.sakimotoshuzo.com

崎元酒造所原本是在昭和2年由17名務農者所共同出資成立的酒廠，不過由於製酒對他們來說始終也只是個副業，因此到了昭和40年代股東只剩下4人。崎元初擔心再這樣下去酒廠可能會逐漸萎縮，甚至讓島上所留傳的※花酒文化消失，因此在昭和46年決定自己獨立出來經營酒廠。崎元酒造在蒸餾時是用從前的那種爐灶來直接加熱，為了不讓酒醪燒焦因此必須一直守在爐灶前面，雖然這些作業相當辛苦，但是酒廠人員依然是親自用手直接觸摸米、麴、水，堅持以手工的方式來製造泡盛。喝一口乳白色的濁泡盛「海波」，會感覺到一股柑橘的香氣在口中散開，鮮美的米味強勁有如米飯，而清爽的甘甜則讓人很快就喝下肚，喝的時候非常適合搭配和食等口味溫和的料理一起享用。

※花酒文化：花酒是與那國所產的一種泡盛，在過去只有王公貴族才有機會喝到。

味道 ◀淡雅 濃郁▶

香氣 ◀內斂 華麗▶

推薦飲法

度數	30度		
主原料	秈米／泰國產		
麴菌	米麴（黑）	蒸餾方式	常壓
儲藏方式	酒槽儲藏	儲藏期間	6個月

¥ 720ml：1,600日圓、1.8L：2,500日圓
酒廠直販／有　酒廠參觀／可

代表酒款

味道強勁，喝起來卻相當滑順
與那國［よなぐに］

喝的時候能感覺到泡盛那獨特又帶著刺激的味道在口腔裡擴散，除此之外還能感覺到與那國的強勁與極為溫柔的滋味，喝第二口之後會變得非常順口，相當不可思議的味道。

推薦飲法 

¥ 720ml：850日圓、1.8L：1,600日圓

度數	30度	主原料	秈米／泰國產				
麴菌	米麴（黑）	蒸餾方式	常壓	儲藏方式	酒槽儲藏	儲藏期間	6個月

● 創立年：1927年（昭和2年）● 酒藏主人：崎元俊男 ● 杜氏：稻川宏二 ● 從業員數：8人 ● 地址：沖縄県八重山郡与那国町字与那国2329 ● TEL：0980-87-2417　FAX：0980-87-2540

散發出只有泡盛才有的香醇，讓人著迷不已

赤馬

［あかんま］
沖繩縣石垣市 池原酒造所
http://www.shirayuri-ikehara.com

池原酒造所推出的酒款只有「白百合」和「赤馬」這2種，他們從洗米到蒸餾一律採人工作業的方式進行，蒸餾時以鍋爐直接加熱，釀造時則100%天然釀造，絕不含任何添加物。除此之外，他們使用手編的竹網來進行製麴工程，就連儲藏古酒時所用的酒甕也是從前所留下來的。堅持守護傳統，即使現在也只以全家3人所能釀造的量來細心地製酒。「赤馬」這個命名來自島上所傳唱的「赤馬節」，因此可說是款名字充滿慶賀意涵的燒酎。雖然酒精濃度只有25度，不過卻能享受到滑順的口感和紮實的滋味。此外，它的香氣也十分清晰強烈，對燒酎初學者而言可能會覺得跟想像中的泡盛不太一樣，不過一旦能體會出它的深沉便可能讓人上癮。對泡盛迷而言，這款酒「才是真正的古早味泡盛」，因而非常受到歡迎。

味道 ◀淡雅 ―――――― 濃郁▶

香氣 ◀內斂 ―――――― 華麗▶

推薦飲法

度數	25度		
主原料	秈米／泰國產		
麴菌	米麴（黑）	蒸餾方式	常壓
儲藏方式	酒槽儲藏	儲藏期間	6個月

¥ 720ml：650日圓
酒廠直販／有　酒廠參觀／不可

代表酒款　個性的香氣讓人上癮
白百合［しらゆり］

這款酒的特色在於散發著有如白色百合般的清爽香氣與甘甜的滋味，使用老麴並採直接加熱蒸餾，100%不含添加物的天然釀造，遵循古法釀造而成。

推薦飲法

¥ 720ml：750日圓

度數	30度	主原料	秈米／泰國產				
麴菌	米麴（黑）	蒸餾方式	常壓	儲藏方式	酒槽儲藏	儲藏期間	6個月

● 創立年：1951年（昭和26年）● 酒藏主人：池原信子 ● 杜氏：池原優 ● 從業員數：3人 ● 地址：沖縄県石垣市字大川175 ● TEL：0980-82-2230 FAX：0980-82-2230

【秈米】長粒米，因為大多產自泰國，故又稱為「泰國米」。秈米有著獨特的甜香，是泡盛的主要原料。

完全採用古法所釀造出的道地泡盛

宮之鶴30° ［みやのつる30°］

沖繩縣石垣市 仲間酒造所

「宮之鶴」是仲間酒造唯一的酒款，且因為酒廠將它定位為地方酒，所以刻意不大量生產。酒廠在製酒時，他們會以釀造用的酒甕來進行洗米作業，接著還會使用外型有如木桶、在沖繩被稱為「KUSHICHII（クシチー）」的蒸籠以及直接加熱的蒸餾器來製造泡盛。此外，在發酵的過程中，他們甚至還會特地從酒廠的地底24m深處抽取出井水來讓酒醪的溫度冷卻下降，對傳統製法的講究可說是相當堅持。「宮之鶴」是款在樸實之中卻又帶著高雅，給人感覺相當溫暖的泡盛。喝的時候，那濃厚的甘甜幾乎要使人陶醉，不過後味卻相當俐落，雖然搭配任何食物都很適合，不過最推薦的還是琉球料理。由於這款泡盛不容易取得，因此如果有看到最好能立刻買下來。

味道 ◀淡雅 濃郁▶

香氣 ◀內斂 華麗▶

推薦飲法　※各種飲法都適合

度數	30度		
主原料	秈米／泰國產		
麴菌	米麴（黑）	蒸餾方式	常壓
儲藏方式	酒槽儲藏	儲藏期間	3～24個月

¥ 360ml、600ml、720ml、1.8L（依店家而異）

酒廠直販／無　酒廠參觀／不可

在石垣島南端、望向宮良灣的村落裡，佇立著紅色屋瓦的製酒廠。

製法幾乎如同創業時，而製酒所用的器具甚至可做為泡盛歷史的文物資料。

● 創立年：1948年（昭和23年）● 酒藏主人：仲間義人 ● 杜氏：仲間希 ● 從業員數：3人 ● 地址：沖縄県石垣市字宮良956 ● TEL：0980-86-7047　FAX：0980-86-7047

由八重山最古老的酒藏所一直守護的傳統泡盛

玉露30° ［たまのつゆ 30°］

沖繩縣石垣市 玉那覇酒造所
http://www.tamanotuyu.com

玉那覇酒造所是在明治末年從首里的製酒廠分家後，然後在石垣島所創立的酒廠。雖然後來第2代因意外驟逝，接著酒廠又因戰爭倒塌損毀，不過他的妻子卻以一己之力堅守著酒廠。到了1976年，玉那覇有紹接任第3代然後繼續守護酒廠長達37年。接著現在則已經到了第4代，他對使用傳統爐灶的「直釜式蒸餾」特別重視，並堅持以古法來生產泡盛。除了釀造，甚至連裝瓶和貼酒標也全部採人工作業，因此他們的泡盛簡直可說是真正用雙手所細心釀造而成的。而「玉露」正是其代表酒款，它是款兼具甘甜與圓潤的新酒，特別適合想要嚐嚐看古早味泡盛的人享用。喝的時候能感覺淡淡的甘甜，味道舒暢，即使做為調酒的基酒也能很受歡迎。

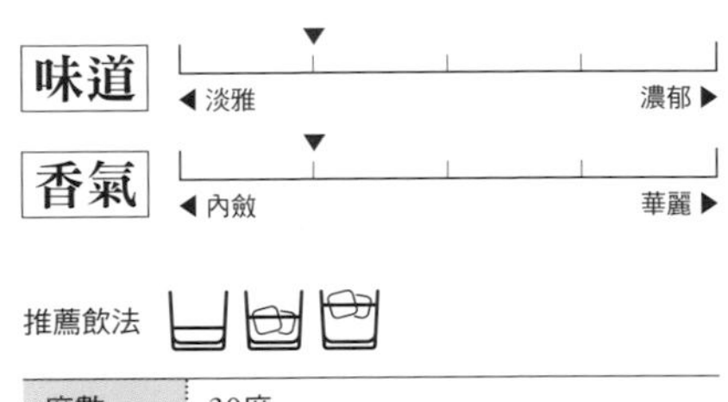

推薦飲法

度數	30度		
主原料	秈米／泰國產		
麴菌	米麴（黑）	蒸餾方式	常壓
儲藏方式	酒槽儲藏	儲藏期間	3～12個月

¥ 600ml：800日圓、1.8L：2,000日圓
酒廠直販／有　酒廠參觀／可（釀造期間除外）

推薦酒款 適合給想要好好享受古酒原本滋味的人

玉露 金 5年古酒［たまのつゆ きん 5ねんくーす］

此酒款的特色在於使用傳統的直接加熱蒸餾，因而能萃取出好喝又濃厚的味道，可說是一款相當奢侈的泡盛。此外，酒瓶上的金色標籤看起來相當華麗，當作禮物送人也很受歡迎。

推薦飲法

¥ 720ml：2,600日圓

度數	43度	主原料	秈米／泰國產				
麴菌	米麴（黑）	蒸餾方式	常壓	儲藏方式	酒槽儲藏	儲藏期間	5年以上

● 創立年：1912年（明治45年）● 酒藏主人：第4代　玉那覇有一郎 ● 杜氏：玉那覇有貴 ● 從業員數：6人 ● 地址：沖縄県石垣市字石垣47 ● TEL：0980-82-3165　FAX：098-82-3164

【國酒】一國所生產的傳統酒。平成24年5月，日本的國家戰略擔當大臣將日本酒與燒酎訂為「日本國酒」，之後並發起「快樂喝國酒活動」。

豐富又纖細的滋味，喝起來相當溫和舒服

豐年30°［ほうねん30°］

沖繩縣宮古島市 渡久山酒造

渡久山酒造位在由隆起的珊瑚礁所構成的伊良部島，這間小酒廠的位置就在被選為「日本百大海岸」的風景名勝地佐和田海岸旁的村落裡。在這景色相當豐富的自然環境之中，渡久山酒造仔細地用黑麴來培育麴米，並使用富含礦物質的地下水來製造泡盛。他們所釀造出來的味道相當溫和舒服，就連第一次喝泡盛的人也能輕易入喉。此外，他們在製法與味道上也非常講究，所有製造好的泡盛皆需再經過一段時間的熟成後才能出貨上市。渡久山酒造的第二代是渡久山知照，他同時也是名農業技術指導員，而酒廠的代表酒款「豐年」就是由他所命名的，意思是祈求伊良部島的豐收。酒廠在製造這款酒時，特別將酒醪釀造出有著香蕉般的果香，接著再以常壓的方式細心地進行蒸餾，因而讓這款泡盛的味道感覺特別纖細並帶有甜味。

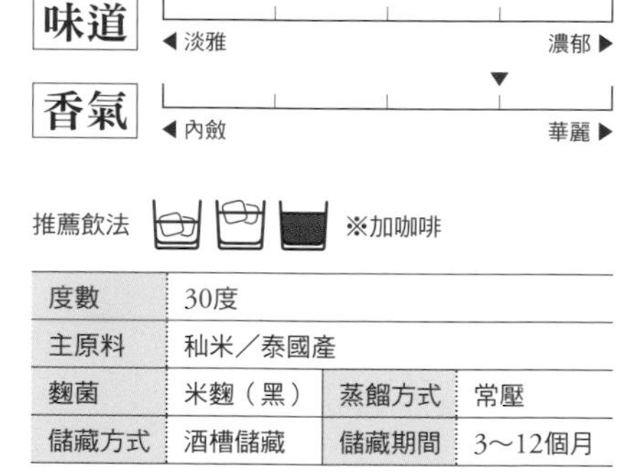

度數	30度		
主原料	秈米／泰國產		
麴菌	米麴（黑）	蒸餾方式	常壓
儲藏方式	酒槽儲藏	儲藏期間	3～12個月

¥ 600ml：1,000日圓、1.8L：2,600日圓

酒廠直販／有　酒廠參觀／可（限少人數，需預約）

推薦酒款

舒服好喝的泡盛，讓人悠閒地渡過島上時光

YURA［ゆら］

此酒款的特色在於味道輕盈且口感清爽，給人的感覺就像是宮古島的蔚藍海洋那樣。冬天可以加熱水喝，夏天則可以加冰塊、香片花茶、或是加咖啡等，各種喝法都適合。

推薦飲法  ※加咖啡

¥ 720ml：1,400日圓

度數	25度	主原料	秈米／泰國產				
麴菌	米麴（黑）	蒸餾方式	常壓	儲藏方式	酒槽儲藏	儲藏期間	1年

● 創立年：1946年（昭和21年）● 酒藏主人：第3代　渡久山毅 ● 杜氏：渡久山研悟 ● 從業員數：4人
● 地址：沖縄県宮古島市伊良部字佐和田1500 ● TEL：0980-78-3006　FAX：0980-78-3050

用恩納村的自然與溫暖的人情味，釀造出的香醇泡盛

萬座43°古酒

［まんざ43°くーす］
沖繩縣恩納村 恩納酒造所
http://onnasyuzou.hanamizake.com

恩納酒造所是恩納村裡唯一的酒廠，它的位置離風光明媚的萬座毛不遠。1949年，恩納村當地10名村民基於共同的理念一起合資建造了這間小酒廠，在設置了釀酒用的酒甕和蒸餾器之後便開始展開營運。酒廠的目標是希望能釀造出濃厚圓潤、香醇滑順的泡盛，販售以當地為主，同時努力地讓製造出來的泡盛都能受到大家的喜愛。在釀造方面，他們所用的水源是從酒廠旁的嘉真良井的地下所抽出來的硬水，雖然這是遵循傳統的手法，但是在稀釋用水方面則使用海洋深層水，展現出自己獨特的創意與技術運用。「萬座」是在酒廠成立時便開始販賣的代表酒款，此古酒的特色在於口感圓潤，味道香醇迷人，不但入喉滑順，且還有著濃郁而獨特的甘甜。

味道 ◀淡雅 —— 濃郁▶

香氣 ◀內斂 —— 華麗▶

推薦飲法

度數	43度		
主原料	秈米／泰國產		
麴菌	米麴（黑）	蒸餾方式	常壓
儲藏方式	酒槽儲藏	儲藏期間	3年以上

¥ 720ml：2,070日圓、1.8L：3,000日圓
酒廠直販／有　酒廠參觀／可（需預約）

代表酒款

傳統的古早味泡盛
萬座30°［まんざ30°］

香氣清爽又富含果味，同時還能確實地感受到來自原料泰國米所散發出的穀香。味道的特色在於濃郁又獨特的甘甜之中帶著微微的酸味和苦澀，彼此搭配的非常巧妙。

推薦飲法

¥ 720ml：368日圓、600ml：556日圓、1.8L：1,440日圓

度數	30度	主原料	秈米／泰國產				
麴菌	米麴（黑）	蒸餾方式	常壓	儲藏方式	酒槽儲藏	儲藏期間	未滿3年

● 創立年：1949年（昭和24年）● 代表：佐渡山誠 ● 杜氏：玉那覇諒磨 ● 從業員數：8人 ● 地址：沖縄県国頭郡恩納村字恩納2690 ● TEL：098-966-8105 FAX：098-966-8015

越喝風味變化越豐富，適合搭配味道濃郁的料理

KUINA BLACK 43° 5年古酒

［クイナブラック43° 5ねんくーす］
沖繩縣國頭郡 田嘉里酒造所
http://takazato-maruta.jp

田嘉里酒造所的所在地原本是間碾米廠，它是由該地區幾個志同道合的人所共同出資合建而成的，其生產的酒則有8成是賣給在地人。田嘉里酒造所從距離酒廠2km遠的上游河川引入天然水來釀酒，所製造出來的泡盛有著別處所模仿不來的舒暢與芳香，非常具有特色。「KUINA BLACK 43° 5年古酒」所使用的麴菌被培育成介於少麴和老麴之間，用來釀造的水源則是來自大宜味村好喝的中硬水質天然水。這款酒在喝的時候能感覺到一股牛奶巧克力般的甘甜，而清爽的餘韻卻相對內斂，讓人不自覺想要一杯接著一杯。此外，因為味道當中帶著酸味，緊接著還有些苦澀，因此入口時會有一種俐落的緊繃感，不過隨即又恢復成有如楓糖漿般的甘甜香氣，讓人感覺非常舒服。

度數	43度		
主原料	秈米／泰國產		
麴菌	米麴（黑）	蒸餾方式	常壓
儲藏方式	酒槽儲藏	儲藏期間	5年以上

¥ 720ml：2,975日圓
酒廠直販／有　酒廠參觀／可（需預約，限成人5名之內）

代表酒款

天然水所釀造出的滑順口感

琉球泡盛 MARUTA 30°［りゅうきゅうあわもり まるた30°］

出貨前會確實地進行過濾，讓酒喝起來有著滑潤的甘甜。香氣單純簡單，接著會感覺到一股舒服的苦澀味，後味俐落，適合當做平日的佐餐酒。

推薦飲法 

¥ 600ml：652日圓、1.8L：1,880日圓

度數	30度	主原料	秈米／泰國產				
麴菌	米麴（黑）	蒸餾方式	常壓	儲藏方式	酒槽儲藏	儲藏期間	1年以上

● 創立年：1950年（昭和25年）● 酒藏主人：第3代 池原秋夫 ● 杜氏：知念直 ● 従業員數：7人
● 地址：沖縄県国頭郡大宜味村字田嘉里417 ● TEL：0980-44-3297 FAX：0980-44-3298

秉持著創業時的精神，[古酒山川]的自信之作

YAMAKAWA 40° 2004 (Vintage)

[やまかわ 40° 2004 ヴィンテージ]
沖繩縣國頭郡 山川酒造
http://www.yamakawa-shuzo.jp

山川酒造有標示年份的酒款，100%全部都是儲藏期間超過該標示年份的古酒；該酒廠自創立以來便特別著重在古酒的釀造，因此又以「古酒山川」之名而廣為人知。山川酒造的創立者山川宗道曾說：「請努力地儲藏古酒，總有一天會進入古酒的時代」。因此，酒廠人員從不曾忘記創業時的初衷，他們以百年古酒為夢想，確實地釀造「山川的古酒」，並一直不斷地儲藏下去。在這當中，「YAMAKAWA 40° 2004（VINTAGE）」是酒廠注入許多心血才得以完成的夢幻逸品；它使用當地的伏流水為水源，至於麴菌則是用黑麴菌中的老麴，最後再經過長時間的熟成而讓酒散發出可可般的熟成香，喝起來味道香醇，滋味濃郁，感覺相當圓潤。飲用時，除了味道濃厚的燉煮料理，搭配披薩或是味道較苦的巧克力享受也非常適合。

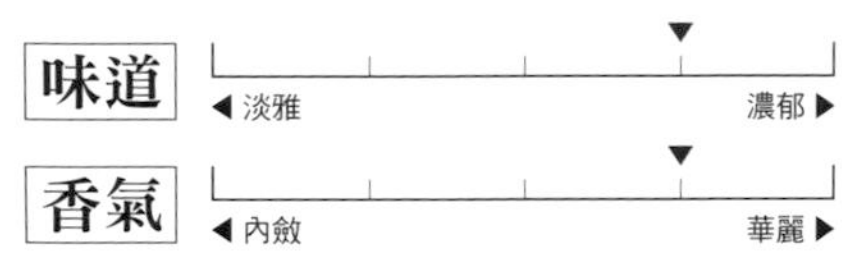

推薦飲法

度數	40度		
主原料	秈米／泰國產		
麴菌	米麴（黑）	蒸餾方式	常壓
儲藏方式	酒槽儲藏	儲藏期間	2004年～

¥ 720ml：3,650日圓
酒廠直販／無　酒廠參觀／可

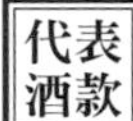

代表酒款 適合用來祝賀或拿來送禮
金山15年 [かねやま15ねん]

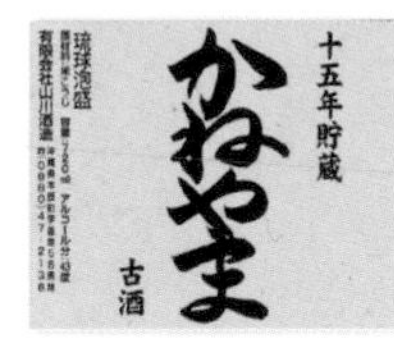

擁有迷人的香氣以及入口即化般的甘甜，這是款需經過15年儲藏才能讓味道如此深沉的古酒。每年出貨的數量有限，且因長期熟成所以酒精濃度會有所不同。

推薦飲法

¥ 720ml：10,667日圓

度數	41～43度	主原料	秈米／泰國產				
麴菌	米麴（黑）	蒸餾方式	常壓	儲藏方式	酒槽儲藏	儲藏期間	15年

● 創立年：1946年（昭和21年）● 酒藏主人：第3代 山川宗克 ● 杜氏：古堅宗次 ● 從業員數：9人
● 地址：沖縄県国頭郡本部町字並里58 ● TEL：0980-47-2136 FAX：0980-47-6622

【仕次】泡盛古酒的熟成方式。用數個陶甕然後按照年份的先後依序儲藏古酒，將古酒從年份最久的酒甕中取出之後，少掉的部分再用下個酒甕裡的泡盛逐一補足。

用使用多年的一石甕才能釀造出的香醇與圓潤

玉友 酒甕釀造 5年古酒

［ぎょくゆう かめじこみ 5ねんくーす］
沖繩縣中頭郡 石川酒造場
http://www.kamejikomi.com

石川酒造場的創立者是石川政次郎，他出生於首里三箇，這個地方在琉球王朝時代是官方所認可的造酒地區。昭和10年，他在因緣際會之下渡海來台，並在專賣局（今臺灣菸酒）從事造酒工作，後來在二戰結束後回到沖繩並於沖繩民生府財政部所直營的造酒廠服務，之後到了昭和24年，才在首里的寒川町成立了石川酒造場。酒廠成立至今雖然已經來到第三代，不過他們始終遵循著傳統的酒甕釀造法，並以純熟的技術和一絲不苟的態度來進行製酒。「玉友 酒甕釀造 5年古酒」酒如其名，這是款採用酒甕釀造所做成的100%5年古酒。這款系列酒總共有25度、30度、34度這3種不同的酒精濃度，雖然任何一種純正的古酒會散發著古酒才有的香甜，不過如果想要好好地享受那濃厚的滋味，那麼還是最推薦43度這一款。

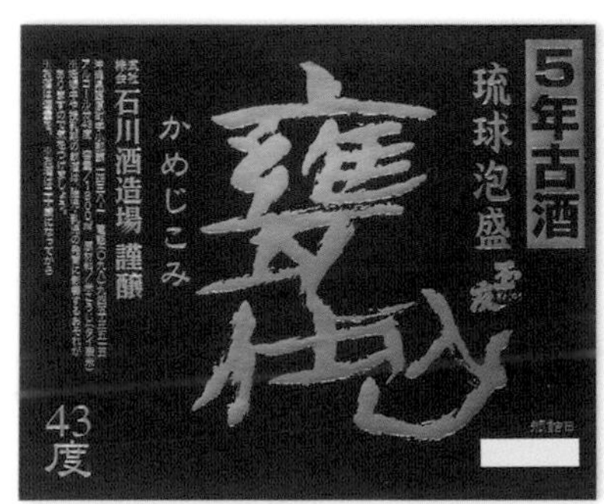

味道 ◀淡雅　濃郁▶
香氣 ◀內斂　華麗▶

推薦飲法

度數	43度		
主原料	秈米／泰國產		
麴菌	米麴（黑）	蒸餾方式	常壓
儲藏方式	酒甕、酒槽儲藏	儲藏期間	5年

¥ 720ml：3,000日圓、1.8L：5,000日圓
酒廠直販／有　酒廠參觀／可

代表酒款

淡淡的甘甜，味道相當舒服

島風［しまかぜ］

刻意抑制了泡盛特有的香氣，使味道喝起來更加舒服、暢快，相當適合覺得「泡盛不容易入口」或是「第一次喝泡盛」的人品嚐。

推薦飲法

¥ 720ml：1,100日圓、1.8L：1,890日圓

度數	30度	主原料	秈米／泰國產				
麴菌	米麴（黑）	蒸餾方式	常壓	儲藏方式	酒槽儲藏	儲藏期間	約1年

● 創立年：1949年（昭和24年）● 酒藏主人：第3代　仲松政治 ● 從業員數：21人 ● 地址：沖縄県中頭郡西原町字小那覇1438-1 ● TEL：098-945-3515　FAX：098-945-3997

集結沖繩的泡盛生產者之力而成的古酒

海乃邦 10年儲藏古酒

[うみのくに10ねんちょぞうくーす]
沖繩縣那霸市 沖繩縣酒造協同組合
http://www.awamori.or.jp

昭和51年，泡盛的製造業者全員共46名一起成立了沖繩縣酒造協同組合以確保優質的泡盛能穩定地供給到外縣市。他們買入由協會成員所生產的泡盛，接著再透過長期熟成以生產古酒。每年當準備用來儲藏的原酒集貨完畢之時，他們還會特別委託大學教授等專家成立審查委員會，然後嚴格地進行酒質的審查，努力地確保泡盛的品質及供貨的穩定。在這當中，他們的主要酒款「海乃邦」在沖繩縣所舉辦的「泡盛評鑑會」中，曾獲頒最高榮耀的縣知事獎高達14次，此外也曾榮獲世界食品評鑑大會（Monde Selection）金獎等國際大獎。海乃邦10年古酒有著香醇的熟成香與圓潤柔順的甘甜，讓人喝的時候能夠盡情地享受在其中，真可謂是結合了沖繩的歷史與文化的精髓所創造出來的夢幻逸品。

味道 ◀淡雅 —— 濃郁▶
香氣 ◀內斂 —— 華麗▶

推薦飲法

度數	43度		
主原料	秈米／泰國產		
麴菌	米麴（黑）	蒸餾方式	常壓
儲藏方式	酒槽儲藏	儲藏期間	10年

¥ 720ml：4,024日圓
酒廠直販／有　酒廠參觀／不可

代表酒款

擠點檸檬汁能讓味道更加清爽暢快

南風[なんぷう]

爽快的香氣與輕盈的口感為此泡盛的特色，而那充滿沖繩氣息的酒標與懷舊的瓶身設計則讓人覺得十分親近。飲用時，擠一點檸檬或是柑橘也很好喝。

推薦飲法

¥ 600ml：790日圓、1.8L：1,867日圓

度數	30度	主原料	秈米／泰國產				
麴菌	米麴（黑）	蒸餾方式	常壓	儲藏方式	酒槽儲藏	儲藏期間	1年

● 創立年：1976年（昭和51年）● 酒藏主人：大城勤（理事長）● 從業員數：18人 ● 地址：沖縄県那霸市港町2-8-9 ● TEL：098-868-1470 FAX：098-862-7032

自琉球王朝時代所流傳下來的「釀造好酒」的傳統

北谷長老43°古酒

［ちゃたんちょうろう43°くーす］
沖繩縣中頭郡
北谷長老酒造工場

北谷長老酒造工場的本家在赤田町經營酒廠，該地區在琉球王朝時代是王府所認可而得以製造泡盛的「首里三箇」之一，之後北谷長老酒造工場從那裡獨立出來並在北谷這地方成立了新的酒廠。北谷長老酒造工場的座右銘是「釀造好酒」，他們遵循著代代所流傳下來的製法，以待酒如待人的態度細心地釀酒。他們的年產量雖然不多，且主要是在當地販售，但是經口耳相傳不久便立刻在日本全國獲得了相當好的評價。該酒廠所生產的泡盛其特色在於香氣優雅迷人且入喉滑順，而「北谷長老43° 古酒」這款13年的古酒因為有著古酒特有的豐富香氣和深沉圓潤的濃郁滋味而廣受歡迎，喝的時候能感覺到暢快俐落，接著還能享受到餘韻，可說是泡盛愛好者所喜愛的夢幻逸品。

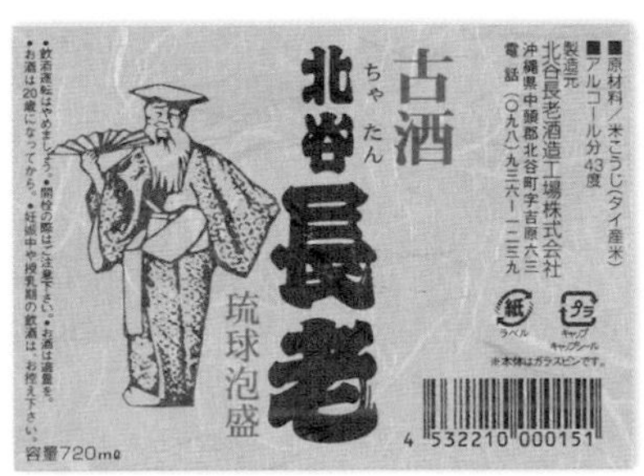

味道　◀淡雅　濃郁▶

香氣　◀內斂　華麗▶

推薦飲法

度數	43度		
主原料	秈米／泰國產		
麴菌	米麴（黑）	蒸餾方式	常壓
儲藏方式	酒槽儲藏	儲藏期間	3年以上

¥ 720m、1.8L（需洽詢）
酒廠直販／有　酒廠參觀／不可

代表酒款

適合泡盛的初學者或是用來當做日常酒飲用
北谷長老25°古酒［ちゃたんちょうろう25°くーす］

此為「北谷長老」的入門酒款，味道溫和而口感舒服，感覺相當順口。除了這款之外，其他還有不同儲藏時間的北谷長老，有興趣的人可以試飲比較看看。

推薦飲法

¥ 720m、1.8L（需洽詢）

度數	25度	主原料	秈米／泰國產				
麴菌	米麴（黑）	蒸餾方式	常壓	儲藏方式	酒槽儲藏	儲藏期間	3年以上

● 創立年：1848年（嘉永元年）● 酒藏主人：玉那霸徹 ● 杜氏：玉那霸徹 ● 從業員數：7人 ● 地址：沖繩県中頭郡北谷町字吉原63 ● TEL：098-936-1239 FAX：098-936-9051

適合搭配洋食或甜點，香氣豐富的古酒

暖流40°古酒

［だんりゅう40°くーす］
沖繩縣URUMA市 神村酒造
http://www.kamimura-shuzo.co.jp

1999年，神村酒造為了追求更好的環境，將酒廠從原本創業地那霸市搬到URUMA市（うるま市）。神村酒造目前有開放酒廠參觀，但並非只是透過玻璃進行觀摩，而是能用身體的感官來實際體驗製酒相關作業。在參觀時，除了能了解泡盛的製造過程，還能接觸到泡盛的歷史與文化，讓遊客們知道更多、更加喜愛泡盛。此外，酒廠內還設有咖啡館，並提供用泡盛做成的甜點以及咖啡。「暖流」與「守禮」是酒廠的代表酒款，而「暖流古酒40°」則是款相當奢侈的燒酎，它是用橡木桶儲藏3年與酒槽儲藏3年的酒所混合調配而成的，至於稀釋用的水則是以逆滲透的方式淨化而成的純水。這款酒的特色在於有著香草的甘甜香氣與在整個口腔散開來的舒服餘韻，品飲時能享受到只有用橡木桶熟成的泡盛才有的獨特風味。

味道 ◀淡雅 ―― 濃郁▶

香氣 ◀內斂 ―― 華麗▶

推薦飲法

度數	40度		
主原料	秈米／泰國		
麴菌	米麴（黑）	蒸餾方式	常壓
儲藏方式	橡木桶、酒槽儲藏	儲藏期間	3年以上

¥ 720ml：2,500日圓、1.8L：5,800日圓
酒廠直販／有　酒廠參觀／可

代表酒款

橡木桶的香氣讓味道喝起更好

暖流30°［だんりゅう30°］

7成來自以橡木桶經3年仔細熟成的古酒，3成則來自儲藏未滿1年的新酒所混合而成的燒酎。橡木桶的甜味與濃郁豐富的滋味，再加上恰到好處的口感，讓這款泡盛的均衡感非常好。

推薦飲法

¥ 600ml：1,750日圓、1.8L：3,000日圓

度數	30度	主原料	秈米／泰國產				
麴菌	米麴（黑）	蒸餾方式	常壓	儲藏方式	橡木桶、酒槽儲藏	儲藏期間	1年&3年

● 創立年：1882年（明治15年）● 酒藏主人：神村盛行 ● 杜氏：渡久地洋平 ● 從業員數：19人 ● 地址：沖縄県うるま市石川嘉手苅570 ● TEL：098-964-7628 FAX：098-964-7627

【KARAKARA（カラカラ）】在泡盛文化圈中，用來裝泡盛的一種酒器。由於裡面裝有小圓球，因此空的時候會發出喀拉喀拉的聲音，據說此為該酒器名稱的由來。

手工精心釀造，萃取出古酒特有的甘甜

OMOTO 43°古酒

［おもと43° くーす］
沖繩縣石垣市
高嶺酒造所

從高嶺酒造所能看見沖繩縣最高峰於茂登岳以及川平灣，風景相當明媚。高嶺酒造所是間特別堅持以傳統的直接加熱式爐灶來進行蒸餾的酒廠，且由於他們使用的是經過2晚培育而成的特殊老麴，因此雖然是一般酒但是卻有著古酒般的香氣以及充滿個性的味道。此外，他們小心翼翼地調整火候，然後將爐灶一個個地攪拌並進行蒸餾的製酒方式也非常具有特色。而這些用手工製酒的過程都可以在他們的參觀室裡透過玻璃直接看到，因此如果有機會到石垣玩的時候，請務必前往參觀看看。「OMOTO 43°古酒」有著柔和又富含果味的香氣，在微微甘甜背後則能感覺到濃郁且深沉的滋味。將一般酒的香氣與圓潤的古酒風味巧妙地融合在一起，比起100%的古酒，更能讓人品嚐出味道的甘甜。

味道 ◀淡雅 濃郁▶

香氣 ◀內斂 華麗▶

推薦飲法

度數	43度		
主原料	秈米／泰國產		
麴菌	米麴（黑）	蒸餾方式	常壓
儲藏方式	酒槽儲藏	儲藏期間	3年

¥ 1.8L：2,045日圓
酒廠直販／有　酒廠參觀／可

代表酒款

能喝出泡盛原本的香氣與深沉的滋味
於茂登［おもと］

滋味鮮美豐富，再加上舒服的香氣和淡淡的甘甜，感覺相當迷人。由於這款酒的親水性高，因此加水之後更能喝出米的甜味，同時也會讓口感更加溫和。

推薦飲法 

¥ 600ml：566日圓、1.8L：1,432日圓

度數	30度	主原料	秈米／泰國產				
麴菌	米麴（黑）	蒸餾方式	常壓	儲藏方式	酒槽儲藏	儲藏期間	6個月

● 創立年：1949年（昭和24年）● 酒藏主人：第3代 高嶺聰史 ● 廠長：高嶺聰史 ● 從業員數：9人
● 地址：沖縄県石垣市字川平930-2 ● TEL：0980-88-2201 FAX：0980-88-2728

滿懷著對人的思念與感情的好酒

華翁35°古酒

［はなおきな35°くーす］
沖繩縣宮古島市 宮華
http://www.miyanohana.co.jp

宮華位在宮古列島中的伊良部島，它最初原本是一家合資公司，之後才改成個人經營，至於公司名的由來則是希望能成為「盛開在人人心中且永不枯萎的宮古花」。由於酒廠裡的成員有8成是女性，因此在製酒時經常被說「就像是在養育嬰兒一般」。她們憑藉著女性特有的細膩與情感釀造出滋味豐富的泡盛，並將這樣的感性用在酒款的命名與美麗的酒瓶設計上。其中，用酒廠的代表酒款「宮華」所製造而成的35度古酒「華翁」，這是款味道香醇迷人的泡盛。它的特色在於口感圓潤且入喉滑順，幾乎讓人感覺不到酒精濃度是35度，而經過8年的熟成形成優雅的味道與纖細的甘甜，則讓人能充分地享受到古酒特有的深奧滋味。

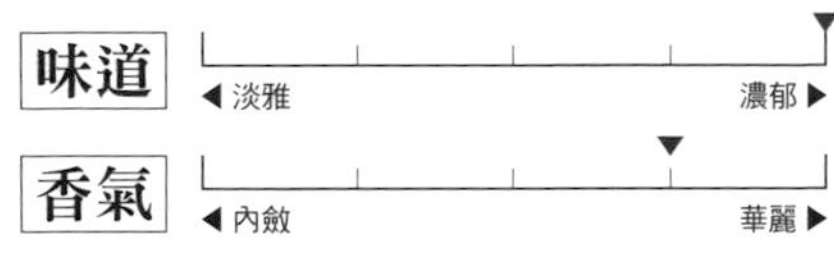

推薦飲法

度數	35度		
主原料	秈米／泰國產		
麴菌	米麴（黑）	蒸餾方式	常壓
儲藏方式	酒槽儲藏	儲藏期間	8年

¥ 300ml：1,096日圓、720ml：2,572日圓、1.8L：5,738日圓
酒廠直販／有　酒廠參觀／可（需預約）

代表酒款

味道與酒標都讓人印象深刻的人氣泡盛

宮華［みやのはな］

由女性杜氏細心培育米麴並儲藏1年而成的泡盛。它的特色在於口味辛辣暢快而香氣華麗迷人，自推出以來，便一直受到許多酒迷的愛護與支持。

推薦飲法 

¥ 360ml：537日圓、600ml：728日圓、1.8L：1,918日圓

度數	30度	主原料	秈米／泰國產				
麴菌	米麴（黑）	蒸餾方式	常壓	儲藏方式	酒槽儲藏	儲藏期間	1年

● 創立年：1948年（昭和23年）● 酒藏主人：第3代　下地さおり ● 杜氏：下地洋子 ● 從業員數：19人
● 地址：沖縄県宮古島市伊良部字仲地158-1 ● TEL：0980-78-3008　FAX：0980-78-3359

【琉球玻璃杯】以沖繩本島為生產中心，用吹製玻璃所做成的工藝品，適合用來喝加冰塊或加水的泡盛。

適合聚會時喝的酒

瑞光40°古酒 ［ずいこう40° くーす］

沖繩縣宮古島市 池間酒造

池間酒造位在離宮古島市平良的鬧區有段距離的地方，四周是一片豐富的自然景觀。酒廠成立於戰後不久的1946年，由於他們在銷售上非常積極，甚至還將通路拓展到在當時仍屬少見的繁華街的飲食店，因而在當地擁有很高的知名度。池間酒造在製造泡盛時，最大的特色是以低溫的方式讓酒醪慢慢地進行發酵，同時並嚴格地管控溫度。他們追求唯一更勝追求第一，除了希望能製造出非常有個性的泡盛，同時也致力於品質的提升。「瑞光」是該酒廠相當自信又自豪的長期熟成古酒，這款酒的特色在於在古酒酒窖裡慢慢地熟成，因而散發出古酒獨特的豐富香氣與淡淡甘甜的深沉滋味。味道香醇而口感滑順，因此一直深受泡盛迷的喜愛。

味道 ◀淡雅 —— 濃郁▶（▼濃郁）

香氣 ◀內斂 —— 華麗▶（▼偏華麗）

推薦飲法

度數	40度		
主原料	秈米／泰國產		
麴菌	米麴（黑）	蒸餾方式	常壓
儲藏方式	酒槽儲藏	儲藏期間	2002年～

¥ 720ml：4,115日圓

酒廠直販／有　酒廠參觀／不可

推薦酒款

味道清爽，讓人不自覺地洋溢著微笑

微笑太郎［ニコニコたろう］

酒藏主人希望大家在喝這瓶酒時能感覺愉悅，因而取名為「微笑太郎」。由於在溫度的管理上非常徹底，因此喝起來有著香氣清爽且味道甘甜順口的特色，可說是款相當受歡迎的酒款。

推薦飲法  ※各種混合

¥ 600ml：702日圓、1.8L：1,782日圓

度數	30度	主原料	秈米／泰國產				
麴菌	米麴（黑）	蒸餾方式	常壓	儲藏方式	酒槽儲藏	儲藏期間	1年以上

● 創立年：1946年（昭和21年）● 酒藏主人：池間太郎 ● 杜氏：儀保猛 ● 從業員數：8人 ● 地址：沖縄県宮古島市平良西原57 ● TEL：0980-72-2425 FAX：0980-72-4383

其他燒酎

使用日本國稅廳所規定的53種原料，由當地的作物所蒸餾出來的地方酒，強烈地展現出酒廠的性格與特色。

充滿創意與個性豐富的「其他燒酎」

現在也有一些用特別的原料所做成的燒酎相當受到歡迎，而這些原料甚至會讓人不禁懷疑：「咦，這個也能當成本格燒酎的原料？」。不過，或許有人會以為任何東西都可以當成燒酎的原料，但其實能夠稱為本格燒酎的，必須要是使用下面53種由日本國稅廳所規定的原料才行。

日本國稅廳所規定的燒酎原料

明日葉、紅豆、七葉膽、蘆薈、薯類、烏龍茶、梅子、金針菇、人蔘（高麗人蔘）、南瓜、牛奶、銀杏、葛根粉、山白竹、栗子、碗豆、黑糖、穀類（米、麥等）、枹櫟果實（橡子）、芝麻、海帶、番紅花、仙人掌、香菇、紫蘇、清酒粕、白蘿蔔、脫脂奶粉、洋蔥、角叉菜（海藻）、蜈蚣藻（海藻）、日本七葉樹果實、番茄、椰棗、胡蘿蔔、蔥、紫菜、青椒、菱角、向日葵子、蜂斗菜莖、紅花、乳清、布袋蓮、木天蓼、抹茶、刀葉椎果實（橡子）、百合根、魁蒿、花生、綠茶、蓮藕、裙帶菜

山形縣 蕎麥田

只用淺間山麓的蕎麥，由清酒廠所釀造出的蕎麥燒酎

佐久乃花 淺間山麓

［さくのはな あさまさんろく］
長野縣佐久市 佐久の花酒造
http://www.sakunohana.jp

是一間在明治25年建於三反田車站（現在JR小海線臼田車站）前的清酒廠，這個地方位在千曲川的上游，四周還有八岳和淺間山圍繞，受惠於清澈的水源、空氣以及冰冷的氣候，因此非常適合造酒。在這天賜的環境當中，就像「和釀良酒」這句話一樣，酒廠的人們抱著「想釀造出好喝的酒」、「想要調和五味，然後釀造出讓人喝了之後會感到愉悅的酒」的想法，彼此上下一心，每天共同努力製酒。這家清酒廠所釀造出來的蕎麥燒酎，是使用製造清酒的米麴和酵母，接著實行和清酒相同的三段釀造，最後再將酒醪以常壓的方式蒸餾而成。喝的時候能感覺到淡淡的蕎麥香與舒服圓潤的甘甜，真不愧是蕎麥產地才有辦法釀造出來的味道。

※和釀良酒：意思以和的精神，釀造出好酒。

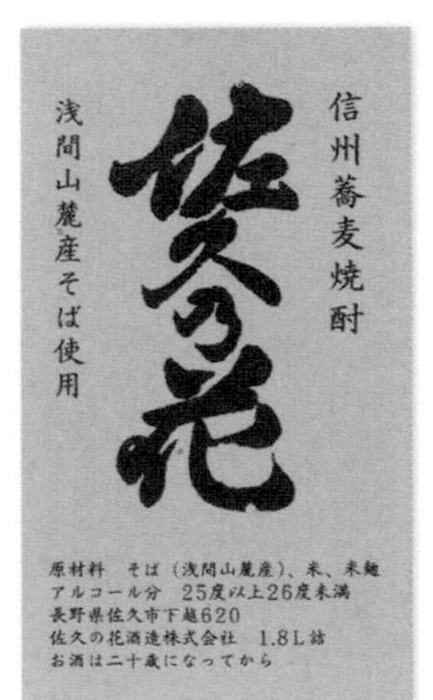

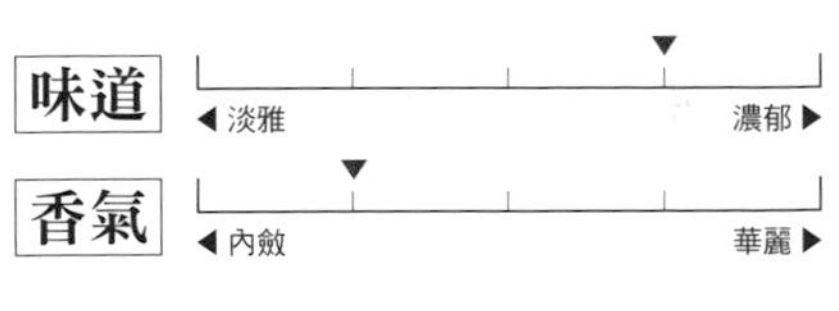

推薦飲法

度數	25度		
主原料	蕎麥／長野縣淺間山麓御代田町產		
麴菌	米麴（清酒用）（黃）	蒸餾方式	常壓
儲藏方式	酒槽儲藏	儲藏期間	3～12個月

¥ 720ml：1,505日圓、1.8L：2,810日圓
酒廠直販／無　酒廠參觀／不可

推薦酒款

對米瞭若指掌的清酒廠所釀造出的米燒酎

佐久乃花 米燒酎［さくのはな こめしょうちゅう］

使用清酒用的米麴，製造方式也和清酒一樣是採三段釀造。正因為是清酒廠所釀造的米燒酎，所以有著甘甜柔順的淡淡清香，同時還能確實地感覺到米味。

推薦飲法

¥ 720ml：1,000日圓、1.8L：1,858日圓

度數	25度	主原料	米／日本國產				
麴菌	米麴（清酒用）（黃）	蒸餾方式	常壓	儲藏方式	酒槽儲藏	儲藏期間	3～12個月

● 創立年：1892年（明治25年）● 酒藏主人：第5代 高橋壽知 ● 杜氏：高橋壽知 ● 從業員數：6人
● 地址：長野県佐久市下越620 ● TEL：0267-82-2107 FAX：0267-82-9468

各種飲法都適合，口味清爽的海藻燒酎

長期熟成 海藻燒酎 磯子 黑瓶

［ちょうきじゅくせい かいそうしょうちゅう いそっこ くろびん］

島根縣隱岐郡 隱岐酒造
http://okishuzou.com

為了留住隱岐的製酒業，西鄉酒造協會的全體酒廠（共5家）在昭和47年以合資企業的形式設立了隱岐酒造以做為彼此共同的生存之道。隱岐島擁有得天獨厚的清冽水源可用來釀酒，在日本環境省所選出的「名水百選」之中，光是這裡就佔了2處。配合著冬天從日本海吹來的海風，他們將「和衷共濟」做為社訓，並以「酒質的提升永無止盡」為口號，在使用最新設備的特級清酒廠裡努力地製造著日本酒、燒酎以及利口酒。「長期熟成海藻燒酎 磯子 黑瓶」以海藻做為原料，並採用獨特的製法來進行發酵，以減壓的方式蒸餾完後再經過長期熟成，因此喝的時候能感覺到淡淡又舒服的海潮香，味道相當清爽，讓人在不同的季節裡，都能自在地享受這款好酒。

味道：◀淡雅 ～ 濃郁▶（▼位於第1格）

香氣：◀內斂 ～ 華麗▶（▼位於第1格）

推薦飲法　※各種飲法都適合

度數	25度		
主原料	米、海藻		
麴菌	米麴（黃）	蒸餾方式	減壓
儲藏方式	酒槽儲藏	儲藏期間	6年以上

¥ 720ml：1,143日圓、1.8L：2,286日圓
酒廠直販／有　酒廠參觀／可

推薦酒款

讓人誤以為是洋酒般的香醇濃郁

完熟 海藻燒酎 海神精 ［かんじゅくかい そうしょうちゅう わだつみのせい］

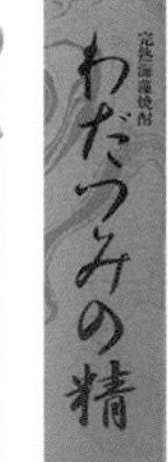

將「海藻燒酎 磯子」裝進櫟木桶，然後儲藏到徹底熟成為止的古酒。外觀呈琥珀色，雖然是燒酎，但味道更接近威士忌或白蘭地。「海神精」是海神的意思。

推薦飲法

¥ 720m：2,502日圓

度數	40度	主原料	米、海藻				
麴菌	米麴（黑）	蒸餾方式	減壓	儲藏方式	櫟木桶、酒槽	儲藏期間	6年

● 創立年：1972年（昭和47年）● 酒藏主人：毛利彰 ● 杜氏：小島修一 ● 從業員數：18人 ● 地址：島根県隠岐郡隠岐の島町原田174 ● TEL：08512-2-1111　FAX：08512-2-4585

對環境溫和的製造方式，讓這款栗燒酎嚐起來特別溫和

BADABA火振

［ダバダひぶり］
高知縣高岡郡 無手無冠
http://www.mutemuka.com

無手無冠是間清酒廠，位在清流「四萬十川」的中流地帶，受惠於清澈的水源與自然環境，他們在當地紮根並持續製酒至今。酒藏的名字來自於「不沉溺於追求第一，不矯飾，善用自然資源，用樸直的心、誠懇專注的態度來造酒」。他們認為「酒的優劣取決於酒米的好壞」，因此對於原料米的要求非常嚴格，還和當地的農家一起推廣利用有機肥料以及以紙材做為畦面敷蓋等不使用農藥的方式來栽種稻米。此外，他們還將這款「栗燒酎」的酒渣有效利用做成田裡的有機肥料，努力地為建構循環型農業獻上一己之力。「BADABA火振」是款個性相當豐富的燒酎，它使用高達50%的栗子來做為原料，為了讓香氣沉封在酒裡而採低溫的方式慢慢地進行蒸餾。喝的時候，能感覺到淡淡的栗子香和柔和的甘甜輕輕地綻放開來。

味道 ◀ 淡雅 ─ 濃郁 ▶
香氣 ◀ 內斂 ─ 華麗 ▶

推薦飲法

度數	25度		
主原料	栗子、米、麥／日本國產		
麴菌	米麴（黃）	蒸餾方式	減壓
儲藏方式	酒槽儲藏	儲藏期間	8～12個月

¥ 1.8L：2,130日圓
酒廠直販／無　酒廠參觀／可

代表酒款

將BADABA火振放在石窟中長期儲藏
四萬十 MYSTERIOUS RESERVE［しまんと ミステリアス リザーブ］

由於酒廠位在四萬十，因此將栗燒酎的原酒放在地底下儲藏4萬又10個小時才得以完成的上等古酒，喝的時候栗子的甘甜以及圓潤滋味。庫存一空便停止販賣，是相當稀少的限量商品。

推薦飲法

¥ 720ml瓶：4,238日圓、900ml壺：5,857日圓

度數	33度	主原料	栗子、米、麥／日本國產				
麴菌	米麴（黃）	蒸餾方式	減壓	儲藏方式	酒甕儲藏	儲藏期間	4年7個月

● 創立年：1893年（明治26年）● 酒藏主人：第5代 山本勘介 ● 杜氏：松田修 ● 從業員數：20人
● 地址：高知県高岡郡四万十町大正452 ● TEL：0880-27-0316 FAX：0880-27-0380

用傳統的技法與不懈的精神所釀造出的馬鈴薯燒酎

JAGATARA OHARU

［じゃがたらおはる］
長崎縣平戶市 福田酒造
http://www.fukuda-shuzo.com

福田酒造位在長崎縣北部、平戶島最西邊的屏風岳山麓，從這裡能看見志志伎港，景色相當優美秀麗。元祿元年，福田酒造從平戶藩獲得日本酒和燒酎的製造許可而開始展開營運。酒廠秉持著創立者福田長治兵衛門所說的「製酒，用心釀造，用風土培育」，並世世代代遵循著他所留下來的技法來製酒。他們不「計算得失」也不在乎「講求效率」，全心全力追求好品質，因而得以釀造出如此深沉的滋味，這不是出於運氣或是巧合，而是經過數百年不斷努力的結果。

「JAGATARA OHARU」是款使用長崎縣所產的新鮮春馬鈴薯為原料所做成的燒酎，它的特色在於有著馬鈴薯特有的清香和圓潤滑順的味道，喝的時候適合搭配馬鈴薯沙拉等用馬鈴薯做成的料理一起享用。

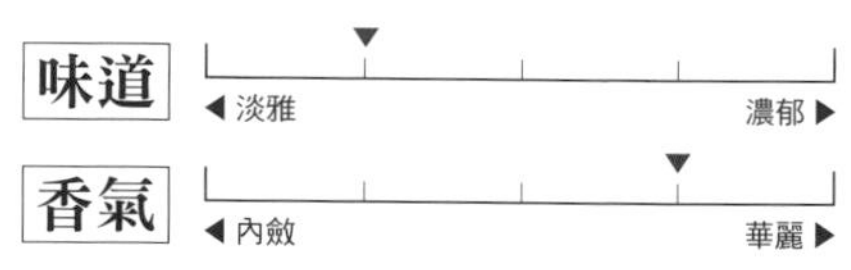

推薦飲法

度數	25度		
主原料	馬鈴薯／長崎縣產		
麴菌	米麴（白）	蒸餾方式	減壓
儲藏方式	酒槽儲藏	儲藏期間	1～2年

¥ 720ml（特別限量燒酎）：1,234日圓、900ml：1,028日圓、1.8L：2,036日圓　酒廠直販／有　酒廠參觀／可

推薦酒款

豐富濃郁的滋味，讓人徹底滿足的長期熟成酒

35°Capitaõ 10年［35°かぴたん10ねん］

期許能成為「燒酎的領航者」，因而用葡萄牙語取名為「Capitaõ（即Captain）」。此酒款用櫟木桶並經過10年以上的長期熟成，讓人喝的時候能享受到圓潤又豐富的滋味與香氣。

推薦飲法

¥ 720ml：3,000日圓

度數	35度	主原料	麥／日本國產				
麴菌	麥麴	蒸餾方式	常壓、減壓	儲藏方式	櫟木桶儲藏	儲藏期間	10年以上

● 創立年：1688年（元祿元年）● 酒藏主人：福田詮 ● 杜氏：西田隆昭 ● 從業員數：17人 ● 地址：長崎県平戸市志々伎町1475 ● TEL：0950-27-1111　FAX：0950-27-0320

使用得天獨厚的地下水與菱角，釀造出口感舒暢的燒酎

菱娘

［ひしむすめ］

佐賀縣佐賀市 大和酒造

http://www.sake-yamato.co.jp

昭和50年，佐賀4間歷史悠久的酒廠合併，並在縣酒造試驗場的舊址成立了這間大和酒造。他們引進現代化的設備，然後在那裡製造並販售著燒酎、清酒、利口酒和味醂。酒廠位在佐賀縣的北部，那裡有著優質的水源和豐富又得天獨厚的自然環境。他們從地下200m抽取出來自脊振山系的地下水，不但充分利用當地的資源，且以傳統的技法與誠摯的心，努力地開發出各種新口味。「菱娘」以菱角做為原料，這是款即使在日本也很少見的燒酎。菱角是一種水生植物，在遍布於佐賀平原的濕沼中，經常可見農民用淺桶採收菱角的景象而成為了佐賀的四季風景詩。以這些菱角中的優質澱粉為原料所製造而成的「菱娘」，它的特色在於有著淡淡的菱角香，喝起來暢快，感覺相當舒服。

味道：◀淡雅 — 濃郁▶

香氣：◀內斂 — 華麗▶

推薦飲法　※各種混合

度數	25度		
主原料	菱角		
麴菌	米麴（白）	蒸餾方式	減壓
儲藏方式	酒槽儲藏	儲藏期間	1～2年

¥ 720ml：1,477日圓、900ml：1,667日圓

酒廠直販／有　酒廠參觀／可

推薦酒款

對身體溫和，喝起來相當爽快

竹傳說［たけでんせつ］

竹炭據說擁有豐富的礦物質，同時也具有抗菌的效果，而這款即是全日本首次使用竹炭過濾而成的麥燒酎。入口滑順、舒服圓潤，味道相當好。

推薦飲法

¥ 900ml：906日圓、1.8L：1,707日圓

度數	25度	主原料	大麥／澳洲產				
麴菌	麥麴	蒸餾方式	減壓	儲藏方式	酒槽儲藏	儲藏期間	6個月以上

● 創立年：1975年（昭和50年）● 酒藏主人：北島恭一 ● 杜氏：中島修治 ● 從業員數：17人 ● 地址：佐賀県佐賀市大和町尼寺2620 ● TEL：0952-62-3535 FAX：0952-62-3536

【湯割】為了品嚐香氣，而在酒裡加熱水的一種飲用方式。如果是燒酎，會先將熱水倒進杯子裡，接著才倒入燒酎，據說這樣能讓味道更加美味。

使用傳統製法重現令人懷念的「酒粕燒酎」

常陸山 早苗餐

［ひたちやま さなぼり］
福岡縣久留米市 杜之藏
http://www.morinokura.co.jp

從江戶中期到明治中期，當時在筑後地區的各農村裡很流行用酒粕來蒸餾出「酒粕燒酎」。由於人們習慣在插秧完後所舉行的「早苗餐」祭典中享用這種新酒，因此該燒酎又被稱為早苗餐燒酎。到了明治32年，由於政府開始禁止民間私自釀酒，使得原本為數眾多的酒粕燒酎廠也隨著時代的變遷而逐漸凋零，目前在市面上這種燒酎其實已經很難看到。杜之藏所推出的「常陸山 早苗餐」，是用明治、大正時期所使用的「銅製兜釜」與木製蒸籠，並遵循創業當時的製法所複製而成。喝的時候能感覺到令人懷念的滋味與濃郁香氣，非常地極具個性。

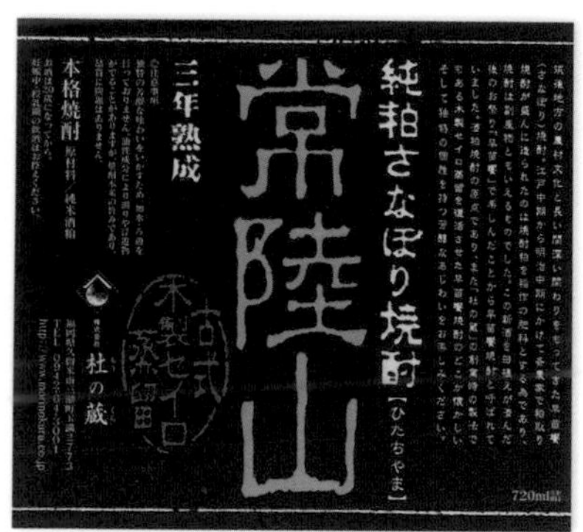

味道 ◀淡雅 濃郁▶

香氣 ◀內斂 華麗▶

推薦飲法

度數	32～36度		
主原料	酒粕		
麴菌	不使用	蒸餾方式	常壓
儲藏方式	酒槽儲藏	儲藏期間	3年以上

¥ 720m：依蒸餾的年度、酒精濃度而有所差異
酒廠直販／無　酒廠參觀／不可

推薦酒款

重現出酒粕所殘留的果香
吟香露［ぎんこうろ］

以酒粕為原料，並採用獨特的蒸餾法所釀製而成的酒粕燒酎。散發著果味豐富的吟釀香，感覺就像是吟釀酒一樣；味道喝起來清爽舒暢，可說是口味新穎的蒸餾酒。

推薦飲法 

¥ 720ml：1,180日圓、1.8L：2,360日圓

度數	20度	主原料	酒粕				
麴菌	不使用	蒸餾方式	減壓	儲藏方式	酒槽儲藏	儲藏期間	1年以上

● 創立年：1898年（明治31年）● 酒藏主人：第5代　森永一弘 ● 杜氏：樺山智佑 ● 從業員數：28人
● 地址：福岡県久留米市三潴町玉滿2773 ● TEL：0942-64-3001　FAX：0942-65-0800

創業270年的清酒廠所釀造出的紫蘇燒酎，氣味清爽芬芳

山香 ［やまのか］

福岡縣久留米市 花露

久留米的城島地區擁有來自筑後川的充沛水源與優質的筑後米，再加上受惠於水運之便，因此自古以來便盛行著造酒。城島又被稱為「西灘」，在這個知名釀酒地中，「花露」是歷史最悠久的酒藏。「花露」最初是一間清酒廠，它創立於江戶中期的延享2年，而目前酒廠已經到了第13代。清酒「花露」是一款與酒廠同名的代表酒款，它的名字來自於中國古詩中用來讚賞美酒所用的「花露」這一雅詞，現在這間燒酎酒廠仍有生產這款花露。在酒廠所生產的酒款當中，紫蘇燒酎「山香」是款相當少見的燒酎，它使用上等的白米和黃麴來釀造，接著再以減壓的方式慢慢地進行蒸餾。這款酒的特色理所當然有著清爽的紫蘇香，口感相當柔順，適合搭配和食享用。

味道：◀淡雅 ―― 濃郁▶

香氣：◀內斂 ―― 華麗▶

推薦飲法

度數	20度		
主原料	米、紫蘇		
麴菌	米麴（黃）	蒸餾方式	減壓
儲藏方式	酒槽儲藏	儲藏期間	約1年

¥ 720ml：990日圓、1.8L：2,100日圓

酒廠直販／有　酒廠參觀／可（需預約）

代表酒款

散發著麥香，喝起來十分暢快

烏［からす］

使用傳統的黑麴，並以全麴釀造而成的麥燒酎。能感覺到麥的甘甜與濃郁，餘韻悠長且口感暢快，越喝越能體驗出那獨特且深沉的香氣與滋味，飲用時特別推薦加冰塊喝。

推薦飲法

¥ 720ml：1,320日圓、1.8L：2,340日圓

度數	25度	主原料	麥				
麴菌	麥麴	蒸餾方式	常壓	儲藏方式	酒槽儲藏	儲藏期間	1～3年

● 創立年：1745年（延享2年）● 酒藏主人：第13代　冨安拓良 ● 杜氏：三瀦杜氏龍賢 ● 從業員數：20人 ● 地址：福岡県久留米市城島町城島223-1 ● TEL：0942-62-2151　FAX：0942-62-2032

【前割】依照自己喜歡的比例事先將燒酎和水混合並放置數日，等到要喝的時候再溫熱或加冰塊的一種飲法。

酒如其名，珍稀且富含果香的胡蘿蔔燒酎

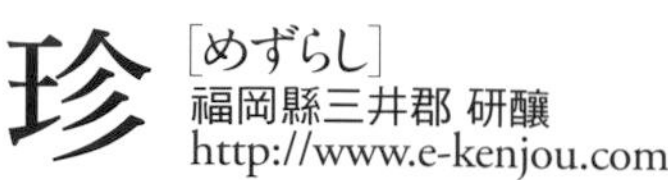

珍 [めずらし]

福岡縣三井郡 研釀
http://www.e-kenjou.com

研釀酒廠位於筑後平原，這裡是種完水稻之後接著會種麥的複作地區，且他們大麥的產量占日本國內第2名。昭和58年，研釀以「珍」這款胡蘿蔔燒酎在此地展開了營運（然後於昭和62年取得胡蘿蔔燒酎製法的專利），接著並使用烘焙過的大麥來開始製造烘焙麥燒酎。近年來，他們還陸續取得了利口酒、烈酒等製造執照，並以獨特的製法來進行商品開發。「珍」這款燒酎的特色在於香氣清爽又富含果味，喝起來有著微微的甘甜和草本味，味道溫和柔順。他們為了從味道淡薄的胡蘿蔔中萃取出充滿特色的香氣與甜味，從製麴到釀造下了不少工夫，喝的時候適合搭配蔬菜、生魚片等味道清爽的料理。

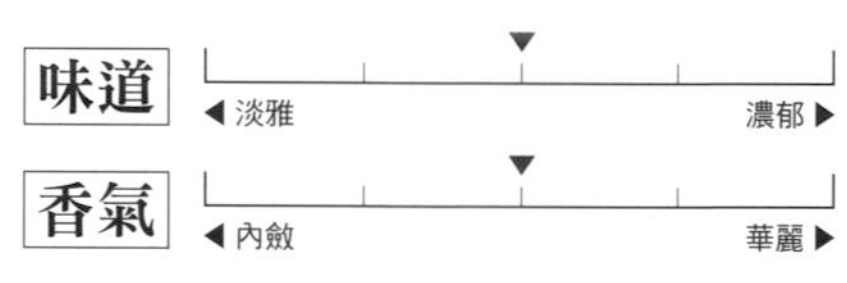

推薦飲法

度數	25度		
主原料	胡蘿蔔（黑田五寸）、米／九州產		
麴菌	米麴（白）	蒸餾方式	減壓
儲藏方式	酒槽儲藏	儲藏期間	6～7個月

¥ 900ml：983日圓、1.8L：1,885日圓
酒廠直販／有　酒廠參觀／限午前參觀（需預約）

推薦酒款

溫和舒服的麥味，適合當做佐餐酒

麥 小梟 [むぎ こふくろう]

透過一般麥燒酎所沒有的大麥煎焙工序，使得這款燒酎散發出淡淡的烘焙香與麥茶般的香甜，那令人難忘的煎焙味能讓料理吃起來感覺更加美味。

推薦飲法　※加麥茶

¥ 720ml：1,016日圓、1.8L：2,050日圓

度數	25度	主原料	大麥／澳洲產				
麴菌	麥麴（白）	蒸餾方式	減壓、常壓	儲藏方式	酒槽儲藏	儲藏期間	6個月～7年

● 創立年：1983年（昭和58年）● 酒藏主人：古賀利光 ● 杜氏：田中誠二 ● 從業員數：14人 ● 地址：福岡県三井郡大刀洗町大字栄田1089 ● TEL：0942-77-3881 FAX：0942-77-2687

氣味均衡出色，味道香醇的玉米燒酎

月夜梟

［つきよのふくろう］
宮崎縣西臼杵郡 高千穗酒造
http://www.takachihosyuzo.co.jp

位在宮崎縣西北部的高千穗是一塊由群山圍繞、海拔達350m的高地，在這個相當適合造酒的地方，高千穗酒造秉持創業以來的傳統，對原料和製法特別講究，他們活用了甘薯、麥、米、蕎麥以及玉米等原料本身的美味，然後釀造出各式各樣的本格燒酎。在這當中，「月夜梟」是款相當少見的酒款，它使用被選為日本名水百選的天然水、並利用日本唯一的玉米麴來釀造出玉米燒酎。不論是只有用木桶儲藏才有的香草般的香醇氣息，或是經過長期熟成而形成的圓潤滋味，在在都讓這款燒酎顯得獨特且無與倫比，據說這是酒廠耗費了5年以上的時間來進行研究才終於得到的品質。喝的時候，適合搭配的料理有義大利麵和起司等食物。

味道 ◀淡雅 — 濃郁▶
香氣 ◀內斂 — 華麗▶

推薦飲法

度數	43度		
主原料	玉米		
麴菌	玉米麴（白）	蒸餾方式	常壓
儲藏方式	櫟木桶儲藏	儲藏期間	5年

¥ 720ml：3,000日圓
酒廠直販／無　酒廠參觀／可

推薦酒款

能享受到滑順圓潤的口感
高千穗 "零"［たかちほ"れい"］

酒款的整體概念是「原點」。透過黑麴以及全麴釀造、常壓蒸餾、長期熟成，讓味道表現出只有麥子才能嚐到的芳香與濃郁，用各種方式飲用都無損於原本均衡協調的香氣。

推薦飲法

¥ 720ml：1,400日圓、1.8L：3,000日圓

度數	25度	主原料	麥				
麴菌	麥麴（黑）	蒸餾方式	常壓	儲藏方式	酒槽儲藏	儲藏期間	3年

● 創立年：1902年（明治35年）● 酒藏主人：丸山和伸 ● 杜氏：下中野健 ● 從業員數：30人 ● 地址：宮崎県西臼杵郡高千穂町大字押方925 ● TEL：0982-72-2323　FAX：0982-72-3323

釀製技術卓越的「熱潮與變遷」

大酒廠所生產的燒酎，其最吸引人的地方還是在於價格便宜。
而且更棒的是這些燒酎的品質總是非常穩定，
不論何時喝，好喝的味道永遠不變。
此外，和規模小的酒廠所製造出來的酒相比，
大酒廠的酒感覺更加舒服細緻，
因此能夠搭配很多種的料理，非常適合每天晚上小酌一番。
在此介紹7款具代表性的日常燒酎。

① 一刻者 全量芋燒酎

［いっこもん ぜんりょういもじょうちゅう］

京都府京都市 寶酒造
http://www.takarashuzo.co.jp

使用以獨特的手法所培育而成的芋麴，不但口感輕盈，且散發著甘薯本來的迷人香氣。加冰塊能感覺到舒服又高雅的味道，加熱水則能讓美味提升，各種飲法都適合。

主要原料：甘薯／宮崎、鹿兒島縣產
酒精濃度：25度
¥ 700ml：1,362日圓、1.8L：2,803日圓
㊂客服專線 ☎ 075-241-5111

② 黑霧島 芋燒酎

［くろきりしま いもじょうちゅう］

宮崎縣都城市 霧島酒造
http://www.kirishima.co.jp

黏稠的甘腴與暢快的後味為其特色，雖然很推薦加冰塊，不過加熱水飲用也不錯。為了讓酒喝起來更有甘薯味，因此搭配多種酵母來進行釀造，這是款為了「製造出能成為霧島酒造支柱的主力商品」而誕生的酒款。

主要原料：黃金千貫／宮崎、鹿兒島縣產
酒精濃度：25度
¥ 900ml：924日圓
㊂客服專線 ☎ 0982-22-8066

③ 小鶴黑 芋燒酎

［こづるくろ いもじょうちゅう］

鹿兒島縣日置市 小正釀造
http://www.komasa.co.jp

採用將原料慢慢地蒸熟的「低壓蒸法」以鎖住甘薯的香氣而不讓它流失。香醇的甘薯味和濃郁的甘甜為其特色，加冰塊或加水可以讓甜味更加緊繃，加熱水則會讓甘薯的香氣更加明顯。

主要原料：黃金千貫／鹿兒島縣產
酒精濃度：25度
¥ 900ml：924日圓、1.8L：1,724日圓
㊂訂購專線 ☎0120-014-469

④ 雲海 蕎麥燒酎

［うんかい そばじょうちゅう］

宮崎縣宮崎市 雲海酒造
http://www.unkai.co.jp

這是日本最先以蕎麥為原料來製造燒酎的酒廠所推出的酒，使用特選蕎麥與來自五瀨町的清冽水源，因而讓酒散發出蕎麥清爽的香氣和暢快的甘甜，搭配任何料理都適合，用各種溫度飲用都相當好喝。

主要原料：蕎麥、米／日本國產
酒精濃度：25度
¥ 900ml：922日圓、1.8L：1,783日圓
㊂ ☎ 0985-23-7890

①　②　③　④　⑤　⑥　⑦

⑤ 薩摩白波 芋燒酎

［さつましらなみ いもじょうちゅう］

鹿兒島縣枕崎市 薩摩酒造
http://www.satsuma.co.jp

以「和農家一起製造燒酎」為理念，特地將蒸餾廠設置在甘薯園旁邊以使用新鮮的甘薯。喝的時候請務必加熱水，充分地帶出甘薯香氣與濃郁甜味。此外，這款酒也很適合和紅燒排骨或是煎鰹魚肚一起搭配享用。

主要原料：黃金千貫／鹿兒島縣南薩摩產
酒精濃度：25度
¥ 900ml：924日圓、1.8L：1,724日圓
問 ☎ 0933-72-1277

⑥ IICHIKO 本格麥燒酎

［いいちこ ほんかくむぎじょうちゅう］

大分縣宇佐市 三和酒類
http://www.iichiko.co.jp

揮發在自然的環境中所生長的酵母之力，強調「對麴特別重視的製酒過程」。此酒款的魅力在於純淨口感和果實般的舒爽香氣，彷彿酒廠四周的風景浮現在眼前。喝時的各種飲法都不拘，非常適合搭配日式料理享用。

主要原料：大麥
酒精濃度：25度
¥ 900ml：906日圓、
1.8L（鋁箔包裝）：1,697日圓
問 ☎ 0978-32-1431

⑦ 二階堂 大分麥燒酎

［にかいどう おおいたむぎじょうちゅう］

大分縣速見郡 二階堂酒造
http://www.nikaido-shuzo.co.jp

全日本最先連麴菌都是100%用麥所釀造成功的燒酎，「特別為了要開發麥麴而熬夜努力研究」酒廠說。喝的時候能感覺到豐富的麥香和洗練的味道，直接飲用到加熱水喝等各種飲法都適合，搭配各種料理也都不錯，可說是萬能的餐中酒。

主要原料：麥／澳洲產　酒精濃度：25度
¥ 900ml：990日圓、1.8L：1,865日圓
問 ☎ 0977-72-2324

原來如此——「有益健康」的本格燒酎

本格燒酎被認為具有對身體有益、不容易宿醉、可讓血液暢通以及熱量低等優點，現在讓我們來看看其根據為何。

本格燒酎的熱量低

本格燒酎是一種使用自然原料且不含添加物的酒，由於糖分會在蒸餾的過程中消失，因此燒酎製造出來後沒有糖分，所以熱量會比紅酒和啤酒還要低。

本格燒酎能促進血液暢通

根據倉敷藝術科學大學的須見洋行教授的研究，燒酎的血栓溶解度比其他酒類高很多，因此更能清除血管阻塞與促進血液循環，進而降低腦梗塞或是心肌梗塞的發生機率。雖然說不管是什麼酒，只要是適量的飲酒都能提高血栓溶解度，不過如果是喝本格燒酎，其血栓溶解度是喝紅酒的1.5倍，比不喝酒的人則多出2倍以上。

血液中的血栓溶解度 單位（nmol pNA/dL血漿）

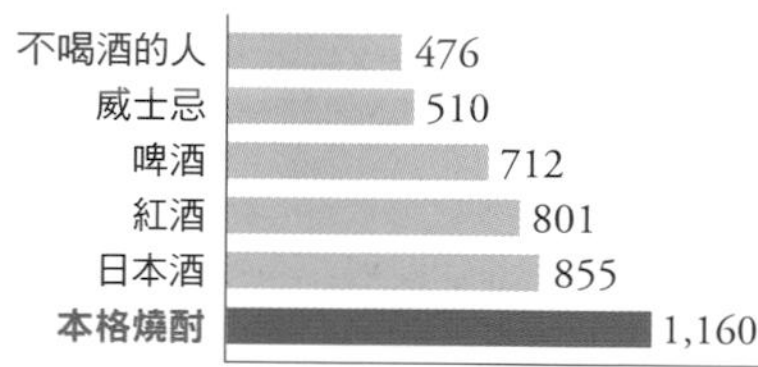

倒熱水後，接著再將燒酎沿著酒杯的內壁慢慢倒入杯中

如果在鹿兒島的居酒屋點湯割燒酎的話，會看到杯子上畫著燒酎與熱水的比例為5：5、6：4、7：3的刻度。燒酎加熱水稀釋之後，會在杯裡慢慢地進行對流，然後讓味道更加圓潤且散發出輕柔舒服的香氣。為了不讓酒喝的時候冷掉，建議可以用小杯子一點一點地啜飲，這才是能一輩子健康地享受燒酎之道。

- ○ **避免空腹時飲用**
- ○ **選擇有優質蛋白質‧對胃不會產生負擔的下酒菜**
- ○ **喝本格燒酎時‧務必養成喝一杯份量水的習慣**

取材協力／須見洋行（倉敷藝術科學大學教授）

普林的含量極低

痛風的人有福了！普林會形成尿酸而引起痛風，但本格燒酎的普林含量非常低。不過，喝的時候還是要注意不要過量了！

主要酒類的普林含量比

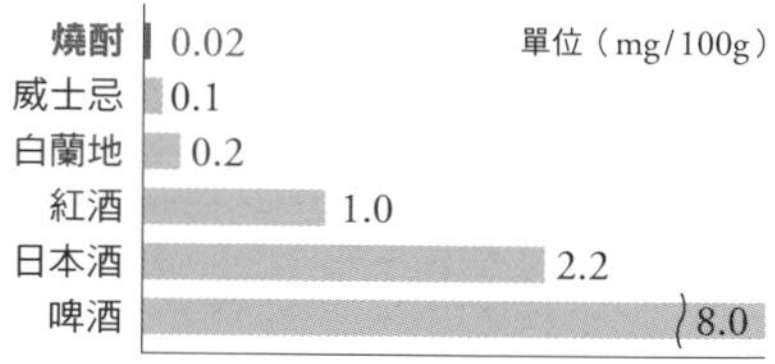

能消除壓力

在喝本格燒酎時，可以依照當時的身體狀況或心情，然後用加冰塊、加熱水或是加水的方式來調整酒精濃度，而這是本格燒酎才有的喝法。古人有云：「酒是百藥之首」，在適量的情況下慢慢地享受本格燒酎能夠消除壓力並達到放鬆的效果，讓一整天的疲勞都消失。

本格燒酎的「流行熱潮與變遷」

本格燒酎原本只是九州的地方酒，不過在經過3次流行熱潮之後，目前已經確實地深植於日本全國全地。現在，就讓我們來看看燒酎在普及前的整個流行過程。

第1波熱潮

首先是在1970年代。由薩摩酒造推出的芋燒酎「白波」依"6：4"的比例加熱水喝的飲法突然引爆流行，威士忌的熱潮因此告終。另一方面，由於燒酎業者主打「喝了不會宿醉頭痛」的廣告，再加上大家益發重視健康，因而銷量突飛猛進。此外，雲海酒造也是在這時期推出了業界第一支蕎麥燒酎「雲海」，也大受歡迎。

第2波熱潮

到了1980年代，「酎嗨（CHU-HI）」這種燒酎調酒在日本即將進入泡沫經濟時掀起空前的熱潮。加果汁或水果香料稀釋的喝法也於此時固定下來。此外，三和酒類以「下町的拿破崙」做為廣告文宣的麥燒酎「IICHIKO」便是在這時期推出的，由於是用減壓的方式進行蒸餾，因此味道清爽且入口滑順，受到相當好評。

第3波熱潮

在2000年代之初，宮崎縣黑木本店的「百年孤獨」成為熱門燒酎。此外，被稱為鹿兒島3M的「森伊藏」、「村尾」、「魔王」亦帶動了這一波的熱潮。至於現在，隨著酒廠持續進行世代交替以及酒行、飲食店不斷地追求創新而讓燒酎又開始流行了起來，甚至還帶動出新一波熱潮。

本格燒酎（乙類燒酎）的生產量　（平成27年9月10日現在[單位：kl]）

年度	甘薯	米	泡盛	麥	其他	合計
平成13年	68,493.0	35,016.8	25,185.8	196,312.0	34,674.2	359,681.8
平成14年	74,042.9	36,857.9	26,169.6	208,917.9	36,287.1	382,275.5
平成15年	98,206.8	40,158.4	29,685.0	238,569.0	45,014.3	451,633.6
平成16年	139,528.9	39,986.9	31,943.6	253,395.0	43,754.1	508,608.5
平成17年	164,666.6	34,941.5	31,227.1	240,446.5	39,408.9	510,690.5
平成18年	184,956.8	31,214.3	30,053.9	236,240.0	37,799.9	520,262.0
平成19年	197,456.9	31,096.3	29,390.2	241,881.5	37,450.6	537,275.5
平成20年	206,914.9	25,982.6	28,074.5	213,249.1	29,393.4	503,614.5
平成21年	210,031.0	25,209.7	27,275.2	207,976.4	27,721.0	498,213.5
平成22年	201,724.6	23,039.0	26,049.0	200,801.6	25,821.0	477,435.2
平成23年	204,817.3	22,180.6	25,712.3	201,254.0	25,468.7	479,433.4
平成24年	208,135.9	21,191.0	25,128.3	199,573.1	24,248.1	478,276.5
平成25年	213,267.5	20,965.0	24,507.1	202,628.6	23,972.0	485,340.2
平成26年	201,495.3	18,887.4	22,962.8	187,329.3	21,408.9	452,083.7

日本酒與本格燒酎的產量變化　（單位：1000kl）

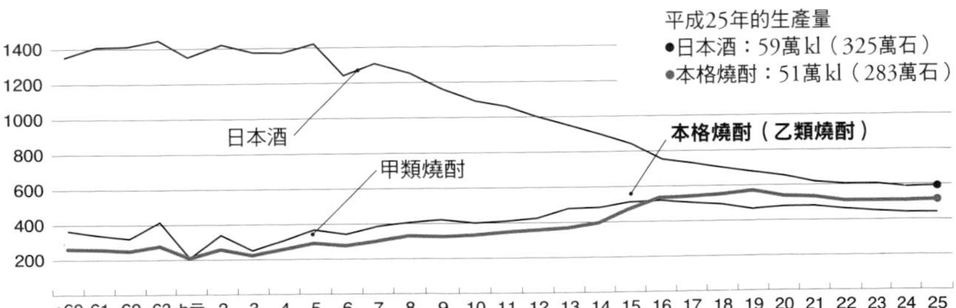

圖表／日本酒造組合中央會調

就像是酒的傳道士，確實地傳達出酒廠的用心

酒館 內藤商店（東京 西五反田）

「酒館 內藤商店」創立於大正元年，館長東條辰夫對本書『本格燒酎精選手冊』的協助甚大。「本格燒酎雖然已經上了軌道，但其實還不算是真正地進入成熟的階段。甚至該說，現在才正開始充滿各種發展的可能性。在這10年當中，不論是生產者還是喝的人，彼此都有許多成長。我覺得接下來應該會進入探索燒酎“熟成“方法的階段」他熱情地說著。「在酒類方面，我們的目標是希望能打造成一家值得向世界誇耀的專業酒類販賣店。我們希望能夠成為與當地緊密結合的酒類專賣店，不論是日常酒還是高級酒，任何人都可以在這裡買到」。雖然他們表示目前一切都才剛起步，但在所藏的本格燒酎方面，他們已經擁有150家酒廠共計有1200支的酒款。「我能做的只是把酒廠的特色詳細地介紹給客人，讓他們了解之後然後願意花錢購買。燒酎賣的好，酒廠就能賺錢，然後希望他們能夠釀造出更好的燒酎出來」。聽著東條先生誠摯地介紹每支燒酎的酒廠環境、製造過程以及釀酒師，相信由他所挑選出來的燒酎保證好喝。

東條辰夫館長擁有法國羅亞爾「騎士（Chevalier）」的稱號，他同時也是日本全國泡盛名酒會的會長。

地址：東京都品川区西五反田5-3-5 ☎ 03-3493-6565 營業時間：9:30～21:30 週日、假日休息

熱情地推廣著本格燒酎

KOSEDO酒店 南榮本店（鹿兒島市）

KOSEDO酒店創業於昭和39年，現任的社長小瀨戶佑二先生自30多年前就不斷地走訪縣內的各酒廠，努力地挖掘能釀造出好燒酎卻苦無宣傳之力的小酒廠。此外，像是「村尾」、「富乃寶山」、「田倉」等酒款也是在他的推廣之下而得以嶄露頭角。在此順道一提，他們目前所藏的本格燒酎有來自80間酒廠共約600種的酒款。而這次我們所造訪的營業部長米盛茂雄先生，他秉持著小瀨戶先生的精神，同樣也對於本格燒酎充滿熱情。他認為：「本格燒酎多少已經算上了軌道，不過就現況來說，它那豐富多變的味道其迷人之處還有沒有被真正地傳達出來。最近這幾年，各家酒廠開始進行世代交替，有不少的酒廠正試圖開發出能與其他家做明顯區隔的香氣，另外，大家對於酒質提升所做的努力也和10年前剛流行時完全不同，因此希望能夠讓消費者感受到這股魅力」。此外，KOSEDO酒店也不時地推薦各種適合燒酎的料理，並積極開設研討會來討論關於本格燒酎的各種研究。他們和酒廠保持緊密的聯繫，並將相關的訊息確實地傳達給消費者，可說是非常出色的專賣店。

照片中是今後準備負責製造燒酎的年輕酒藏主人們，從左開始分別是能提供好建議的小瀨戶祐二社長、知覽釀造的森暢社長、白石酒造的白石貴史社長、小牧釀造的小牧一德社長。

地址：鹿児島市南栄6-916-72 營業時間：週一～週六9:00～19:30 週日、假日10:00～19:00 每月的第2和第4週的週日公休

索引（酒廠名 依筆劃排序）

Special Thanks

林力先生與其夫人（居酒屋りんりき店主）

神崎秀輔先生（國分酒造社長的前輩）

安田宣久先生（國分酒造 釀酒師）

岩永庄八先生（岩永農園代表）

谷山秀時先生（谷山農園代表）

久保光弘先生（湯どうふ ごん兵衛店主）

小瀨戶祐二先生（コセド酒店代表取締役）

米盛茂樹先生（コセド酒店營業部長）

大村仁志先生
西川內晶子女士
（白金酒造）

竹之內雄作先生（白金酒造 取締役會長）

迫村真奈美女士（櫂 店主）

高倉勝士先生（在本書扮演重要角色的攝影師）

竹之內晶子女士（白金酒造代表取締役）
西鄉大輔先生（白金酒造）
津留安郎先生（木桶蒸餾器職人）
二宮博幸先生（錦灘酒造（株））
伊佐市公所伊佐PR課 交流PR第1科
農研機構 九州沖繩農業研究中心・作物研究所
松原和史先生（青島酒造東京事務所）
清水友理子女士（銀座わしたショップ 琉球伝統工芸館 fuzo ☎tel03-3535-6991）
かごしま遊楽館・鹿兒島ブランドショップ ☎tel03-3506-9171
須見洋行先生（倉敷藝術科學大學教授）
日本酒造組合中央會
町田成一先生（PRESIDENT公司「dancyu」編輯部長）

參考文獻

『焼酎・東回り西回り』（紀伊國屋書店）
『いも焼酎の人びと』大本幸子（世界文化社）
『旨い！本格焼酎』山同敦子（ダイヤモンド社）
『やっぱり芋焼酎』立山雅夫（同友館）
『本格焼酎のすべて』蟹江松雄（チクマ秀版社）
『本格焼酎を愉しむ』田崎真也（光文社）
『焼酎手帳』SSI監修（東京書籍）
『ダレヤメの肴』鮫島吉広（南日本新聞社）
『酒の文化誌』吉澤 淑（丸善ライブラリー）
『心にしみる焼酎の話』南日本新聞社編（南日本新聞社）
『鹿児島の本格焼酎』鹿児島県本格焼酎技術研究会（春苑堂出版）
『薩摩焼酎・奄美黒糖焼酎』柴田書店MOOK（柴田書店）
『琉球王国』高良倉吉（岩波新書）
『dancyu新しい焼酎の教科書』（プレジデント社）

PROFILE

出倉弘子(DEKURA HIROKO)

在出版社服務一段時間之後，於1997~2002年期間進入由玉村豐男擔任所長的寶酒造旗下的「TaKaRa酒生活文化研究所」負責從事與酒生活文化相關書籍的編輯工作。2001年，在本格燒酎準備掀起一波熱潮時編輯了『いも焼酎の人びと』大本 幸子著(世界文化社刊)。除此之外，目前亦有在從事寶酒造的本格燒酎宣傳手冊的製作。

「酒館 內藤商店」

關於本書所選出來的本格燒酎，皆委託東京首屈一指的酒類專賣店「酒館 內藤商店」的館長東條辰夫選定。東條先生擁有法國．羅亞爾河的「騎士（Chevalier）」稱號，除此之外身為全國泡盛名酒會的會長，不只著眼於泡盛、同時也致力於本格燒酎的情報傳遞。

TITLE

嚴選「本格燒酎」手帖

STAFF

出版	瑞昇文化事業股份有限公司
編著	出倉弘子
譯者	謝逸傑
總編輯	郭湘齡
責任編輯	黃美玉
文字編輯	徐承義　蔣詩綺
美術編輯	孫慧琪
排版	二次方數位設計
製版	明宏彩色照相製版股份有限公司
印刷	桂林彩色印刷股份有限公司

ORIGINAL JAPANESE EDITION STAFF

撮影	高倉勝士 松隈直樹 久保田彩子（株式会社世界文化社）
編集協力	東條辰夫（酒館 内藤商店）
校正	株式会社ヴェリタ
構成・執筆	出倉弘子
執筆	久一哲弘 山内聖子
編集	植田博之（株式会社セブンクリエイティブ）

法律顧問	經兆國際法律事務所　黃沛聲律師
戶名	瑞昇文化事業股份有限公司
劃撥帳號	19598343
地址	新北市中和區景平路464巷2弄1-4號
電話	(02)2945-3191
傳真	(02)2945-3190
網址	www.rising-books.com.tw
Mail	deepblue@rising-books.com.tw
初版日期	2018年1月
定價	350元

國家圖書館出版品預行編目資料

嚴選「本格燒酎」手帖 / 出倉弘子編著
; 謝逸傑譯. -- 初版. -- 新北市 : 瑞昇文化,
2017.12
192　面 ; 14.8 X 21 公分
ISBN 978-986-401-215-2(平裝)

1.燒酒 2.日本

463.831　　106023729